玻璃纤维再生混凝土力学性能及耐久性能

MECHANICAL PROPERTIES AND DURABILITY OF GLASS FIBER
REINFORCED RECYCLED CONCRETE

杨文瑞　黄卫华　汤智毅　黄跃文　著

重庆大学出版社

内容提要

本书介绍了国内外玻璃纤维再生混凝土发展的研究成果,总结了近年来作者针对玻璃纤维再生混凝土宏微观耐久性能的研究成果,分别从结构性能、经济效益及碳排放多角度揭示了玻璃纤维再生混凝土的可应用性,并提出了相应的结构设计指导意见,同时通过配比研究有效地解决了工程应用中面临的施工结团等难题。

本书可供土木工程、交通运输工程、工程力学、材料科学与工程等领域的教学与科研人员参考。

图书在版编目(CIP)数据

玻璃纤维再生混凝土力学性能及耐久性能／杨文瑞
等著. -- 重庆:重庆大学出版社,2024. 5. -- ISBN
978-7-5689-4551-6

Ⅰ. TU528.59

中国国家版本馆 CIP 数据核字第 20248Q4A73 号

玻璃纤维再生混凝土力学性能及耐久性能

BOLI XIANWEI ZAISHENG HUNNINGTU LIXUE XINGNENG JI NAIJIU XINGNENG

杨文瑞　黄卫华　汤智毅　黄跃文　著
策划编辑:范春青
责任编辑:文　鹏　　版式设计:范春青
责任校对:谢　芳　　责任印制:赵　晟

*

重庆大学出版社出版发行
出版人:陈晓阳
社址:重庆市沙坪坝区大学城西路 21 号
邮编:401331
电话:(023) 88617190　88617185(中小学)
传真:(023) 88617186　88617166
网址:http://www.cqup.com.cn
邮箱:fxk@ cqup.com.cn (营销中心)
全国新华书店经销
重庆升光电力印务有限公司印刷

*

开本:720mm×1020mm　1/16　印张:16　字数:246 千
2024 年 7 月第 1 版　　2024 年 7 月第 1 次印刷
ISBN 978-7-5689-4551- 6　定价:98.00 元

前　言

　　固废资源化处理仍是"十四五"时期绿色发展的重点研究内容,同时结构耐久性是下一步强国战略发展的重要方向。再生混凝土的应用实现了混凝土产业与环境共同和谐的发展,符合我国建设资源节约型、环境友好型基建工程的目标,具有广阔的发展前景。但多孔多重薄弱界面区的特性使得再生混凝土耐久性问题尤为突出,掺入纤维已成为改善再生混凝土性能的主要方法之一,特别是添加具有良好的耐热性、耐腐蚀性特点的高模量玻璃纤维,能够有效改善再生混凝土的抗压性能、孔隙率大等缺陷。

　　然而,目前我国虽有《纤维混凝土应用技术规程》(JGJ/T 221—2010)和《再生混凝土应用技术规程》(JGJ/T 443—2018)等规范,但对于玻璃纤维再生混凝土性能设计仍存在一定的不足。因此,要推广玻璃纤维再生混凝土的工程应用,需要系统、深入地研究各种因素对玻璃纤维再生混凝土工作性能的影响,分析各种损伤的内在联系,为玻璃纤维再生混凝土构件设计提供参考。

　　基于此,本书第1章概述了玻璃纤维再生混凝土发展的意义及国内外研究现状;第2章及第3章分别展开了特殊环境下、外加剂对玻璃纤维再生混凝土的抗压性能和微观结构研究;第4章、第5章及第6章分别对玻璃纤维再生混凝土抗渗性能、质量损失、抗压性能进行研究,并从经济性与性能综合角度进行多角度分析;第7章及第8章开展了GFRP筋玻璃纤维再生混凝土梁抗弯性能研究,并基于试验数据开展了抗裂计算、承载力极限状态下抗弯承载力理论计算以及短期刚度验算,为结构设计提供可靠依据;第9章、第10章、第11章及第12章考虑碱性环境与持续荷载耦合作用,开展了GFRP筋玻璃纤维混凝土受弯性能、黏结性能及GFRP筋抗拉性能研究,分析了耦合作用下GFRP筋玻璃纤维混凝土损伤机理,并采用ABAQUS对其进行扩展性研究。本书完善了玻璃纤维再生混凝土构件的设计理论研究,同时从经济性、力学性能多角度分析玻璃纤维再生混凝土构件适用性,为实际工程运用中玻璃纤维再生混凝土构件设计提供理论指导。

东华理工大学杨文瑞完成了本书试验方案的确定、理论分析、第 1 章、第 2 章、第 3 章、第 4 章、第 5 章编写及全书统稿，江西赣粤高速公路工程有限责任公司黄卫华独立完成了本书第 9 章、第 10 章、第 11 章、第 12 章编写工作，武汉理工大学汤智毅独立完成了本书第 6 章、第 7 章编写工作，东华理工大学黄跃文独立完成了本书第 8 章编写工作。本书感谢国家自然科学基金（52368012）、江西省自然科学基金（20232BAB204066）项目资助，课题组冯中敏、黎惠莹、全伟杰、刘利爱及张勋等同志的帮助与支持，同时，本书参考了国内外大量的文献资料，在此一并向相关作者与研究结构表示衷心的感谢。

由于作者理论与学识水平有限，书中谬误与不足之处在所难免，敬请广大学者批评、指正。

编　者

2023 年 10 月

摘 要

　　将建筑废弃物回收利用,可以节约自然资源、提高经济效益,因此再生混凝土成为近年的研究热点。再生骨料是天然骨料与旧水泥砂浆的结合体,其性能与天然骨料存在差异,掺入混凝土中对抗压和抗渗性能等存在负面影响。而掺入纤维是改性再生混凝土常用方法。纤维混凝土相较于普通混凝土工作性能更强,特别是能够提升混凝土的抗拉性能、抗折性能和耐碱性能等,玻璃纤维因其具有高强度、耐碱性、造价低等特点,广泛用于制作纤维混凝土。蒸养(蒸汽养护)可提高混凝土早期强度,从而缩短混凝土养护周期,有效缩短建筑物修建工期。但再生混凝土存在孔隙率大、强度低等不足,以及蒸养会对混凝土造成热损失,这都将加速建筑老化速度。在制备玻璃纤维混凝土的过程中,玻璃纤维难以均匀分散在混凝土中,甚至出现纤维"成团"的现象,导致玻璃纤维混凝土的工作性能不升反降。实际服役混凝土结构通常会处于特殊环境下,特殊环境会造成混凝土结构损伤,从而影响混凝土结构使用寿命。因此,本书以玻璃纤维体积率(0%、0.5%、1.0%、1.5%)为变量,对玻璃纤维再生混凝土抗压性能、抗渗性能、受弯性能进行试验研究,以下为主要研究内容:

　　(1)对玻璃纤维再生混凝土抗压性能进行试验研究,探究蒸汽养护、特殊环境作用(碱性、干湿循环、冻融循环)、不同分散剂(B193、S-3101B、CMC)分别对玻璃纤维再生混凝土抗压性能的影响。结果表明:蒸汽养护后的玻璃纤维对提高再生混凝土抗压强度贡献不大;在试验过程中,纤维再生混凝土试块的混凝土剥落更少,破坏时试块保持较为完整的状态,加入纤维均能改善再生混凝土的脆性。特殊环境作用下,玻璃纤维的掺入可以有效提高再生混凝土抗压强度,且在体积率为1.0%时增幅最大,随着玻璃纤维掺量的继续增加,玻璃纤维因掺量过多而不易分散,纤维成团导致玻璃纤维对再生混凝土抗压强度的增幅有所减小。通过研究混凝土试件的抗压强度变化,表征分散剂对玻璃纤维混凝土和玻璃纤维再生混凝土中玻璃纤维分散性的影响。分散剂B193和分散剂

CMC 对玻璃纤维混凝土的抗压强度影响较小;而分散剂 S-3101B 加入水泥基体中会生成气体,导致试件硬化成型后,内部孔洞较多,抗压强度降低幅度达17.5%。

(2)对蒸汽养护、特殊环境作用(碱性、干湿循环、冻融循环、碱性-持续荷载耦合)、不同分散剂(B193、S-3101B、CMC)下玻璃纤维再生混凝土微观结构进行分析,探究蒸汽养护、特殊环境作用(碱性、干湿循环、冻融循环、碱性-持续荷载耦合)、不同分散剂(B193、S-3101B、CMC)对玻璃纤维再生混凝土微观结构的影响。

(3)对玻璃纤维再生混凝土抗渗性能进行试验研究,探究蒸汽养护、特殊环境作用(碱性、干湿循环、冻融循环)、不同分散剂(B193、S-3101B、CMC)分别对玻璃纤维再生混凝土抗渗性能的影响。结果表明:蒸汽养护后的玻璃纤维再生混凝土最小渗水高度为 25.35 mm,以未掺入纤维的再生混凝土渗水高度为基准,降低幅度为 34.41%。在特殊环境作用下,玻璃纤维的掺入在一定程度上可以降低再生混凝土渗透高度,但随着特殊环境作用时间的增加,降低幅度有所减小。掺入分散剂 B193 和分散剂 CMC 能改善纤维的分散性,使得玻璃纤维在混凝土内部形成更加均匀的空间网络结构,从而提高玻璃纤维再生混凝土抗渗性能。分散剂 B193 和分散剂 CMC 掺量为 0.5% 时,玻璃纤维混凝土的抗渗性能最好,渗水高度分别降低了 16.6% 和 7.1%。掺入分散剂 S-3101B 的纤维混凝土因分散剂与混凝土内部成分发生反应生成气体,导致混凝土内部生成了大量孔洞,反而降低玻璃纤维再生混凝土的抗渗性能。

(4)根据试验数据,建立特殊环境作用下玻璃纤维再生混凝土质量损伤衰减模型,结果表明一元二次函数模型能更好地反映碱性环境和干湿循环作用下质量损失衰减规律,指数函数能更好地反映冻融循环作用下质量损失衰减规律。基于抗压强度损失率,建立能够描绘不同纤维掺量的再生混凝土在不同特殊环境和时间(次数)下的抗压强度损伤情况的双自变量抗压强度损伤衰减模型。基于 Weibull 分布建立玻璃纤维再生混凝土动弹性模量冻融损伤模型,并根据不同地区年平均冻融循环次数对玻璃纤维再生混凝土进行寿命预测。

(5)添加分散剂的玻璃纤维混凝土能量损失速率更慢,添加分散剂 B193 的玻璃纤维混凝土较未添加分散剂的纤维混凝土能量损失值低 2%；由于分散剂 S-3101B 单独添加会使玻璃纤维混凝土结构产生更多的孔隙，因此添加分散剂 S-3101B 的玻璃纤维混凝土的能量损失值增大；三种分散剂添加到玻璃纤维再 生混凝土中，添加分散剂 B193 的玻璃纤维再生混凝土的能量损失值最低，较未 添加分散剂的玻璃纤维混凝土能量损失值降低 2.2%。根据有限元分析，相同 体积的玻璃纤维混凝土相较于玻璃纤维再生混凝土损伤更缓慢，添加相同分散 剂，但纤维体积率不同时，混凝土压缩损伤也会受到影响，玻璃纤维体积率为 0.5% 时，混凝土性能优于玻璃纤维体积率为 1.0% 时的混凝土。

（6）对 GFRP 筋玻璃纤维再生混凝土梁受弯性能进行试验研究，分析其裂 缝形态、开裂荷载与极限荷载值、梁的荷载-挠度、平截面假定、受拉 GFRP 筋应 变的变化规律，并对其挠度及短期刚度进行验算，为其运用于实际工程提供理 论参考。通过试验可知，玻璃纤维对抑制试验梁裂缝开展最有效。试验梁开裂 荷载值与极限荷载值随着纤维体积率增大而增大。相比于未掺入纤维的试验 梁，玻璃纤维体积率为 0.5% 时受拉 GFRP 筋应变最小，降低 41.01%。掺入玻 璃纤维可降低试验梁的挠度，相同荷载下，玻璃纤维体积率为 1.5% 的试验梁挠 度最小。对 GFRP 筋玻璃纤维再生混凝土梁短期刚度的影响系数 β_B 进行拟合 分析，得到短期刚度的影响系数 β_B 的拟合公式，并验证 β_B 的取值合理。建立 GFRP 玻璃纤维再生混凝土梁试验模型，通过对比发现，模拟试验梁各项力学性 能与试验值得到了较好的吻合。

（7）对持续荷载与碱性环境耦合作用 450 d 后的 GFRP 筋玻璃纤维混凝土 梁进行三点、四点受弯性能试验。四点抗弯试验中，GFRP 筋玻璃纤维混凝土梁 的裂缝条数随着玻璃纤维掺量的增加而减少；GFRP 筋玻璃纤维混凝土梁开裂 荷载与极限荷载在玻璃纤维掺量为 1.5% 时最高，分别为 4.41 kN、17.63 kN，相 比于未掺玻璃纤维的 GFRP 筋混凝土梁提高了 7.82%、8.09%。三点偏弯试验 中，GFRP 筋玻璃纤维混凝土梁的裂缝条数随着玻璃纤维掺量的增加而减少； GFRP 筋玻璃纤维混凝土梁开裂荷载与极限荷载在玻璃纤维掺量为 1.5% 时最 高，分别为 3.63 kN、14.57 kN，相比于未掺玻璃纤维的 GFRP 筋混凝土提高了 12.38%、7.34%。GFRP 筋玻璃纤维混凝土梁的最大滑移值在玻璃纤维掺量为

1.5%时,最大为4.30 mm,相比于未掺玻璃纤维的GFRP筋混凝土梁提高了13.16%;GFRP筋的抗拉性能会随着玻璃纤维掺量的增加而增强,当玻璃纤维掺量为1.5%时,其抗拉强度最大为913.6 MPa,且微观形态图中GFRP筋表面的"坑蚀"现象较为理想。通过试验数据得到混凝土、GFRP筋的相关试验参数,采用有限元软件ABAQUS对不同玻璃纤维掺量下(0%、0.5%、1.0%、1.5%)GFRP筋混凝土梁进行模拟,当纤维掺量为1.5%时,混凝土梁抵抗损伤的能力最强。

目　录

第1章 绪 论

1.1 课题研究的背景及意义

经济发展使得城市化规模扩大,旧建筑和道路已无法满足人们的需求。旧建筑被拆除重建、旧道路改扩建是现在建筑行业的主要工作之一。旧建筑的拆除及道路改扩建会产生大量建筑废弃物,建筑废弃物难以分解,如何处理建筑废弃物成为一大难题。废弃的混凝土经破碎、筛分等加工处理后替代天然骨料掺入混凝土中可形成再生混凝土。再生混凝土是处理建筑废弃物的主要方法之一。再生骨料的应用可以有效解决废弃混凝土,节约天然骨料资源,具有广阔的应用前景[1][2][3]。再生混凝土的应用具有显著的经济效益和环保效益,符合绿色健康的发展理念,因此研究再生混凝土仍是未来所趋。相关研究表明[4][5]:再生骨料替代率为25%时的混合料 7 d 强度略有提高,平均弹性模量仅降低4%,对混凝土工作性能影响较小。在实际应用中,瑞士政府规定所有公共建筑至少应使用25%的再生混凝土骨料[6]。

但是混凝土也存在诸多缺点:混凝土抗拉强度很低,只能达到抗压强度的7% ~14%;混凝土在水化过程中会释放大量热量,养护不当会造成混凝土构件内外温差大,容易开裂;混凝土自重大,应用范围受限;混凝土变形能力差。混凝土的缺陷导致混凝土的工作性能被削弱,混凝土应用受到限制,为此,学者们从各个方面采取措施提升混凝土抗拉性能、耐久性能等[7][8][9]。为了弥补混凝土的缺点,研究者们进行了大量试验:调整混凝土配合比,改进混凝土搅拌及施工工艺,添加新材料,对混凝土进行改性,根据结构特点合理搭配钢筋使用,加强混凝土浇筑及养护措施等[10][11]。混凝土材料发展至今，多种具有不同特性的混凝土被研发出来，如纤维混凝土、耐碱混凝土、防水混凝土等。

纤维混凝土将质量轻、抗拉强度大、耐腐蚀性好的纤维均匀地分散在混凝土中。当混凝土构件受到外部荷载时，在初始阶段，混凝土能承受一定的拉力，随着荷载持续作用，由于混凝土抗拉性能较低，混凝土受拉部位逐渐出现裂缝，而纤维混凝土中分布着均匀的纤维，裂缝之间有纤维连接，混凝土受拉部位应力达到受拉极限，发生破坏，纤维承受拉力，从而起到抑制裂缝发展的作用[12][13][14]。玻璃纤维的制作原料丰富，制作工艺简单，主要由石英砂、硼钙石等矿石作为原材料经过高温熔炼、拉制而成。纤维原丝直径一般为 5 ~ 20 μm，成百上千的纤维原丝交织形成纤维束。由于玻璃纤维耐腐蚀、质轻高强等特质，由玻璃纤维制成的各种玻璃纤维复合材料应用于各种构件中[15]。

玻璃纤维改善混凝土工作性能的前提是玻璃纤维在混凝土内部均匀分布。但是纤维混凝土中纤维"成团"的问题仍然存在，纤维在混凝土中分散不均匀，导致添加纤维不但不能改善混凝土的缺陷，反而会降低混凝土的抗拉强度和抗折强度等。国内外主要通过物理方法和化学方法对纤维改性，从而改善纤维的分散性。化学方法主要通过添加无机电解质类分散剂和表面活性剂，将不同聚合物与玻璃纤维复掺，改善纤维与基体的界面结构。聚合物在纤维表面形成"薄膜"、通过与纤维表面形成氢键等途径促使纤维不会黏结在一起，纤维表面的"薄膜"还能对纤维起到一定的保护作用，提高纤维的耐碱性能等。目前，关于分散剂改善玻璃纤维在其他复合材料中的分散性的研究较多，而关于分散剂对水泥基体中玻璃纤维分散性的影响研究较少。

另一方面，蒸养过程中会对混凝土产生一定的热损伤，如孔隙率增大、内部碱性增强等[16]，加速混凝土内部钢筋的腐蚀，从而缩短建筑物的使用年限，造成一定程度的安全隐患。由此可见，提高蒸养再生混凝土结构耐久性和使用寿命至关重要。

提高钢筋的耐腐蚀性能是改善蒸养预制构件缺陷的有效途径。GFRP 筋（Glass Fiber Reinforced Polymer，玻璃纤维增强塑料，简称 GFRP）在工程中应用广泛，玻璃纤维增强复合材料相比于普通钢筋具有抗弯、抗拉、抗压强度高及耐久性好、耐腐蚀性强等优点。将 GFRP 筋运用于工程中，能够增强混凝土构件的耐腐蚀性，延长混凝土构件的使用寿命[17][18][19]。然而，对于蒸养再生混凝土构件而言，蒸养过程对构件造成热损伤的同时，再生粗骨料的掺入也降低了混凝土的性能，仅仅通过采用耐腐蚀性强的钢筋去提高构件使用寿命远远不够。混凝土的抗渗性也是影响混凝土构件使用寿命的关键因素之一，目前对于蒸养纤维再生混凝土的抗渗性同样研究较少，且对纤维改善再生混凝土机理分析还不够深入，因此对蒸养纤维再生混凝土的抗压性能及抗渗性能进行展开研究是十分必要的。

1.2　国内外研究现状

1.2.1　玻璃纤维再生混凝土的发展和研究现状

　　20 世纪初，国外就开始了纤维混凝土的相关研究，其中以钢纤维混凝土研究最早和最广泛。美国的 Porter[20]在 1910 年就开始研究钢纤维掺入到混凝土中对混凝土性能的影响。到 20 世纪 40 年代，欧洲和日本等都陆续进行了纤维混凝土相关研究，主要集中研究纤维混凝土的物理性能，对纤维混凝土增强机理的研究不足，使纤维混凝土的发展受到阻碍。1963 年，美国 Romualdi[21]首次发表了"纤维阻裂机理"，促使了钢纤维混凝土的开发，随后钢纤维增强混凝土开始在英美等国进入实用阶段。1974 年，Swamy 等[22]提出了钢纤维随机且均匀分布的混凝土抗弯拉伸强度预测理论，加快了钢纤维混凝土的发展。后来 Swamy 等[23]又提出纤维混凝土性能与纤维的长径比有关，而不是纤维的长度，长径比大于 108.7 的纤维容易发生弯曲。1982 年，Thomas 等[24]研究了钢纤维和玻璃纤维对甲基丙烯酸酯聚合物混凝土的抗压、抗拉和抗折强度的影响，发现钢纤维掺入混凝土能提高混凝土的抗压、抗拉和抗折强度，而玻璃纤维降低了混凝土的抗压强度，增强了抗弯和拉伸的强度。1983 年，Kitisak 等[25]从拟合试验数据中得出了代表钢纤维增强砂浆规律的分析关系，假设主裂纹以恒定的形状传播,建立了一个断裂模型来生成纤维增强水泥基复合材料的整个裂纹增长阻力曲线以及断裂能量。

20 世纪 40 年代,欧洲学者开始将玻璃纤维掺入到混凝土中进行研究,后来我国学者吴中伟也进行了玻璃纤维混凝土的相关研究。此时使用的玻璃纤维的耐碱性差,掺入到混凝土中容易被腐蚀,导致制成的玻璃纤维混凝土的性能达不到预期效果[26]。

1968 年,Majumdar 等[27]研发了一种耐碱玻璃纤维(锆含量为 16%),可以抵抗混凝土中碱性物质的腐蚀,使玻璃纤维混凝土得以继续发展。随后中国、美国等国家也开始对耐碱性玻璃纤维进行研究。

1977 年,英国 ARC[28]生产出耐碱纤维增强混凝土管(简称 GRC 管),可以替代混凝土管中的钢筋。1980 年,日本[29]从英国引进这一技术,对 GRC 管的耐久性、施工性等进行了研究评估,结果表明达到了应用于工程上的要求。我国也进行了耐碱玻璃纤维增强混凝土屋面板的研制,对构件进行抗压、抗拉和抗弯试验,并观察构件的破坏形态,试验表明纤维能和钢筋一起承担外力,在裂缝开展阶段能够减缓裂缝的发展[30]。

Mobasher 等[31]针对玻璃纤维混凝土构件的韧性测试方法对测试结果的影响进行了研究,发现测试玻璃纤维混凝土构件的韧性需要考虑构件的形状、加载速率、量具长度和非均匀应变分布。

Soroushian 等[32]用丙烯酸聚合物改性玻璃纤维,改性后的玻璃纤维在空气中和热水中都有较高的韧性和抗弯强度,但是并不能改变改性玻璃纤维老化所致的抗弯性能损失。通过扫描电镜发现,加速老化的抗弯性能损失是由水泥水化渗透造成的。

1998 年,欧洲标准学会发表了关于玻璃纤维混凝土试验方法标准,涉及抗弯强度测量、喷射 GRC 中纤维含量测量、湿度引起尺寸变化极限值测量和干密度测定等试验方法。

Bin 等[33]研究了纤维类型、形式和体积比对玻璃混凝土板的双向弯曲行为和冲剪能力的影响。测试结果显示,纤维网在弯曲中明显比随机分布的纤维更有效;然而,随机分布的纤维在冲切中更有效一些。临界冲剪周长的形状和位置与纤维类型、形式和体积比无关。但是,碎玻璃集料对板块的强度和破坏模式有一定的影响。

随着玻璃纤维混凝土的相关研究逐步深入,相关规范也逐步完善,纤维混凝土增强机理的发展对改善纤维混凝土性能起到重要作用。玻璃纤维混凝土有可观的发展前景,尤其是特殊环境下玻璃纤维混凝土性能更加优异。同时研究表明:均匀分布的玻璃纤维比成团的玻璃纤维在混凝土中起到的效果更佳。

国外对再生混凝土处理和应用的研究起步较早,主要研究废弃混凝土的强度等级、再生骨料粒径、再生骨料表面等对再生混凝土的影响。许多国家还对再生混凝土的应用制定了相关规范,以促进本国再生混凝土的发展[34]。1977年,日本制定了《再生集料和再生混凝土使用规范》,同时收集废弃混凝土,修建再生混凝土生产工厂,对废弃混凝土进行加工处理。1993 年,美国国际材料与结构研究实验联合会发布了《再生骨料混凝土规定》,该规定对再生骨料进行了划分,详细说明了再生混凝土的使用规范[35]。此外,美国还制定了《超级基金法》,为再生混凝土的应用提供了法律保障。在再生混凝土的发展上,美国政府还提供了资金支持,极大地推动了企业发展再生混凝土[36][37][38]。

1978 年,Malhotra[39]开始研究应用再生混凝土的可能性,通过配制不同比例的再生混凝土与普通混凝土进行对比。结果表明利用再生骨料替代天然骨料可以配制出合格的再生混凝土。在水灰比低时,两类混凝土的强度具有可比性,且耐久性也基本相当。

Torben 等[40]研究回收集料的特性,以及附着在不同等级和尺寸分数的回收集料上的旧砂浆的数量。研究发现,当其他因素基本相同时,再生混凝土的抗压强度主要由原混凝土的水灰比控制。如果原混凝土的水灰比与再生混凝土的水灰比相同或更低,新的强度将与原强度一样好或更好,反之亦然。

Mostafa 等[41]研究发现再生骨料混凝土的强度特性受原混凝土的强度、原混凝土中粗细骨料的比例、原混凝土中骨料的最大尺寸与再生骨料的比例,以及再生骨料的磨损损失和吸水率的影响。对于再生混凝土而言,劈裂拉伸、抗压和抗弯强度等之间的关系需要修正,采取合适的措施,可以将废弃混凝土制成高质量的再生混凝土。

Nejad 等[42]研究用于路面使用的再生混凝土,发现再生混凝土可以提高沥青混合料的利用率,改善沥青混合料的抗疲劳性。

Hanumesh 等[43]在不同再生骨料替代率的混凝土中添加聚丙烯纤维,研究表明添加聚丙烯纤维可以提高再生混凝土的强度,同时建立模型可用于推导再生混凝土相对抗压强度。

对废弃混凝土进行循环利用是当今建筑行业可持续发展的重要途径。近年来,我国也针对建筑废弃物再利用制定了相关政策措施,倡导企业发展再生混凝土循环利用的相关技术,完善再生混凝土利用的生产线,提升建筑废弃物的利用率,开发多种循环利用途径[44][45][46][47]。2007 年由同济大学等单位编制的《再生混凝土应用技术规程》(DG/TJ 08-2018—2007)经批准后开始在上海实施。该规程吸纳了国内外有关再生混凝土的标准,总结了再生混凝土工程实践应用中的经验与问题,对再生混凝土的生产和应用都有具体的阐述。除了法律法规的支持,我国在经济上也有相关措施支持再生混凝土的发展[48][49][50]。

胡玉珊等[51]探究粉煤灰掺入方式对再生混凝土强度的影响,以粉煤灰替代 30%的砂,再生混凝土强度可以提高 20%。

肖建庄等[52]发现再生骨料全部取代天然骨料,会明显降低其抗氯离子渗透性,通过添加粉煤灰或者纳米二氧化硅可以提高其抗氯离子渗透性能,两者按照合适比例添加,增强效果更加显著。

霍俊芳等[53]利用钢纤维和聚丙烯纤维改善再生混凝土的力学性能,并且建立了力学性能和纤维含量的关系式。钢纤维和聚丙烯纤维的掺量为 1.5% 和 0.8 kg/m³ 时,力学性能提升最高。

段珍华等[54]研究了再生细骨料对再生混凝土性能的影响。再生细骨料取代率低于 50%时,可以通过添加减水剂等方法调控其流变性;取代率 100%时,再生混凝土抗压强度仅为普通混凝土的 55%,推荐再生细骨料取代率为 25%~50%。

王永贵等[55]利用纳米氧化硅和玄武岩纤维改性再生混凝土,研究其在不同高温下的抗压强度和质量损失,再生骨料替代率和纳米氧化硅质量分数越大,改性再生混凝土的性能越差。

综上,再生混凝土的利用已经成为一种趋势,不但可解决建筑废弃物堆放、污染环境的问题,同时能够实现绿色节约的发展理念。学者们通过改变水灰比、再生骨料加工、添加纤维等措施来改善再生混凝土的工作性能,以便其能更好地应用到实际工程中,其中,利用纤维改良再生混凝土的方法是发展再生混凝土应用的重要途径。

玻璃纤维作为一种复合材料用增强纤维,在土木工程中得到广泛应用。在现有研究中,国内外研究者们从玻璃纤维再生混凝土力学性能、玻璃纤维再生混凝土与钢筋的黏结锚固性能方面分别阐述了玻璃纤维对再生混凝土的影响。

Vandevyvere B[56][57]等通过改变玻璃纤维掺量,探究纤维掺量对再生混凝土力学性能的影响。结果表明:玻璃纤维的掺入,不同程度上提高了再生混凝土弹性模量、抗压、抗拉、抗弯和抗剪强度。当玻璃纤维掺量超过最佳掺量时,再生混凝土力学性能不会得到进一步改善。

姚运[58]等以再生骨料替代率(30%、50%、70%)和玻璃纤维的掺量(0%、1%、2%、3%)作为参数进行力学性能试验。结果表明:再生骨料替代率为50%时,抗压强度仅次于没有再生粗骨料的混凝土,玻璃纤维的掺入提高了再生混凝土的抗压力学性能。抗压强度在玻璃纤维掺量为2%时增幅最大,纤维掺量为1%、2%、3%时的劈裂抗拉强度比未掺玻璃纤维的再生混凝土分别提高了10%、15.6%和20.4%。

Prasad M L V[59][60]等通过在不同等级再生混凝土中掺入玻璃纤维,探究玻璃纤维对不同等级再生混凝土力学性能的影响。结果表明:随着玻璃纤维的掺入,M20级和M40级混凝土劈裂抗拉强度分别提高了13.03%和10.57%,弯曲强度分别提高了10.62%和7.94%。对于M50级混凝土,掺0%RCA的混凝土抗压、抗拉和抗弯强度的最大增幅分别为6.08%、16.67%和11.84%;掺50%RCA的混凝土抗压、抗拉和抗弯强度的最大增幅分别为8.73%、12.32%和16.43%。同时提出了抗拉强度与劈裂抗拉强度、弯曲抗压强度和特征抗压强度之间的关系。

陈伟仁[61]等以玻璃纤维体积掺量(0%、0.35%、0.7%、1%)为参数,对玻璃纤维再生混凝土与钢筋的黏结性能进行研究。结果表明:玻璃纤维的掺入能够提高钢筋与再生混凝土的握裹能力。与玻璃纤维掺量为0的试件相比,玻璃纤维掺量为1%时,试件相对极限黏结强度提高了20.6%,滑移值增大了17.8%。

1.2.2 蒸汽养护研究现状

由于蒸养混凝土与普通混凝土养护方式相比有着明显的优势,因此在工程中应用广泛,有较大的研究价值,目前对蒸汽养护的研究主要集中在以下几个方面。

1)蒸汽养护制度对构件性能的影响

杨文瑞[62]等考虑纤维比例对吸湿性能的影响,设置纤维比例为60%、70%、80%;养护温度分别为20 ℃、60 ℃、80 ℃,发现 Fick 第二定律适用于 GFRP 筋复合材料;GFRP 筋的平衡吸湿量、吸湿速率及扩散系数 D 随着纤维含量的增加而降低;初步建立预测模型预测混凝土中 GFRP 筋扩散系数。

曹源等[63]将防冻剂 K_2CO_3 加入混凝土中,并对试件进行蒸汽养护。蒸汽养护前将试块放置于不同的温度下静停1 h,静停温度分别设置为−1 ℃、−5 ℃、−10 ℃、−15 ℃,蒸养结束后开展混凝土的抗冻性试验。发现掺入抗冻剂 K_2CO_3 的混凝土试块的抗冻能力更好,其可以承受的抗冻次数也随之增加。

苏杨等[64]对比不同养护方式下混凝土抗压测试结果,研究蒸养制度对混凝土早期强度发展的影响,发现混凝土强度形成速度随养护温度的升高而升高,并建议蒸养温度应保持在60 ℃以上为最佳。蒸养过程中,水泥掺量越高,混凝土强度形成越快,缓凝型的外加剂对蒸养混凝土强度的形成有阻碍效果。

Chen 等[65]为探索在蒸汽养护混凝土中使用偏高岭土和石灰石的可行性,将偏高岭土-石灰石粉结合使用,研究其力学性能、吸附性和微观结构。试验结果表明:掺入偏高岭土能够在不损害早期强度增加的情况下降低蒸汽固化温度,对减轻蒸汽固化引起的有害作用和减少能量消耗具有重要意义。

Aqel 等[66]对水泥和石灰石填料(LF)粒径对由于钙矾石形成延迟而导致的自固混凝土膨胀影响的研究表明:在 55 ℃ 的温度下蒸汽固化混凝土时,LF 增加了 16 h 的抗压强度。无论蒸汽固化温度如何,LF 对后期(28~300 d)的抗压强度均无明显影响。在 LF 存在下,混凝土在 28 d 和 300 d 的渗透率降低。300 d 后,蒸汽固化的混凝土混合物在 82 ℃ 的温度下膨胀并产生微裂纹。与在 55 ℃ 下蒸汽固化的混凝土混合物相比,这种膨胀和破裂导致抗冻融性显著降低。与不含 LF 的混凝土混合物相比,用 LF 制成并在 70 ℃ 和 82 ℃ 下进行蒸汽养护的混凝土混合物,由于 300 d 后延迟的钙矾石形成而显示出较低的膨胀。这种减少是由于使用 LF 时水泥含量减少和混凝土渗透性降低引起的。

Zou 等[67]结合显微图像、扫描电镜和压汞法分析,研究了蒸汽养护过程中混凝土浆体和浆体-骨料界面区域的多尺度孔结构特征,讨论了蒸汽养护过程中蒸汽养护混凝土孔隙结构的演化模型及机理。试验结果表明:初始自由水含量是影响蒸汽养护混凝土孔隙结构演变的关键因素之一,特别是在界面过渡区。界面过渡区中水泥浆的形态更松散。在较高的初始自由水含量下,蒸汽养护过程的加热期中,蒸汽的膨胀压力会阻碍水合物的沉淀和扩散,从而使蒸汽养护的混凝土界面过渡区相对较弱。最后建立了水合作用和水灰比相关的理论模型,以表征蒸汽养护过程中孔结构的演化,证明与试验结果吻合良好。

Asad 等[68]对蒸汽养护的再生骨料混凝土(RAC)的性能展开研究,以期确定 RAC 蒸汽养护周期的最佳条件,并掺入高早强水泥(HESC),使用蒸汽固化的各种条件,基于峰值温度和维持峰值温度的持续时间来设置蒸汽固化循环,蒸汽固化使用三个峰值温度,分别为 50 ℃、60 ℃ 和 70 ℃,并保持 2 h。抗压强度试验结果表明:在水合作用的早期和后期,采用峰值温度为 50 ℃ 的蒸汽固化周期保持 1 h,总持续时间为 4 h,是强度发展的最佳选择。确定最佳的蒸汽养护温度和持续时间将有助于降低相关的养护成本,从而进一步节省再生骨料混凝土的生产成本。

2)蒸汽养护制度对构件的损伤

贺智敏等[69]对蒸养混凝土的表层损伤效应进行了研究,研究结果表明:相比于蒸养混凝土,标准养护混凝土表层毛细吸水性及氯离子扩散速率较小;在混凝土表层以下 10 mm 范围内,蒸汽养护制度加重了混凝土表层损伤,导致其损伤的主要原因在于表层区较大的温度梯度及肿胀变形,掺入粉煤灰和矿渣可有效降低其损伤,抑制水及氯离子的迁移。

杨文瑞[70]为提高蒸养 GFRP 筋混凝土预制构件耐久性、降低损伤、提升设计精度,通过研究得出以下结论:利用 GFRP 筋替代或部分替代钢筋运用于混凝土中是可行的,蒸汽养护可提升混凝土的早期强度,而后期混凝土强度有所下降。有害级孔径随毛细吸水性能升高而增大,GFRP 筋拉伸性能的损伤随 GFRP 筋直径、保护层厚度的减小而增大。

3)外加剂对蒸养构件性能的影响

Zhang 等[71]深入了解蒸汽固化在掺入自燃煤石(CG)颗粒的 PC 性能中的作用,评估了不同 CG 剂量和不同固化条件下混凝土的机械强度和运输性能,利用水泥浆基质来分析微观结构和矿物相。结果表明:在标准固化条件下,CG 的引入降低了早期强度,并增加了孔隙率和吸水率,但提高了抵抗氯离子和气体渗透的能力。蒸汽固化可激活 CG 颗粒的火山灰反应,减轻 CG 添加带来的负面影响。蒸汽固化温度和持续时间都直接影响 CG-PC 的早期和长期性能。

张耀等[72]对蒸养混凝土制品在使用外加剂情况下的强度进行研究,认为蒸养情况下矿物掺合料可提高蒸养砂浆的脱模强度,并在粉煤灰、矿粉的取代率为 20% 时为最佳;蒸养砂浆的脱模强度随着取代率的增高而增大,矿粉与粉煤灰复合对蒸养砂浆期强度有增强效果;蒸养砂浆的强度与早强剂硫酸钠、甲酸钠、硫氰酸钠有关。还验证了通过改变外加剂的种类和配合比来增强蒸养混凝土强度的可行性。

陈旭等[73]对蒸养 RPC 强度和耐久性与掺合料及钢纤维的关系进行研究,认为 RPC 的耐久性和强度在硅粉含量为 10% ~ 20% 时最合理,当确定硅灰含量为 15% 时,粉煤灰含量为 5% ~ 15% 时最合理,前期 RPC 的强度受粉煤灰抑制,后期粉煤灰可增强 RPC 的强度。最有利于 RPC 强度和耐久性增长的比率为:硅灰含量为 15%、矿粉含量为 20%。钢纤维可增强蒸汽固化 RPC 的强度,RPC 抗弯强度与钢纤维的掺入量有关。

由此可见,目前对蒸养混凝土的研究较为深入和广泛,为其在工程中的应用提供了较有力的参考。但蒸养过程中造成混凝土孔隙率增加以及蒸养所产生的热损伤均加速了钢筋的腐蚀,因此如何改善蒸养制度对混凝土的影响至关重要。部分研究显示外加剂的加入可改善其不足,但相关研究还存在不够深入和广泛的问题,未能揭示外加剂如何改善蒸养制度所带来危害的机理,外加剂掺量对蒸养混凝土孔隙率改善也未有初步关系式的指出。

综上玻璃纤维再生混凝土的研究现状可见,国内外研究者们对玻璃纤维再生混凝土力学性能的研究成果较多,也相对较成熟,但对玻璃纤维再生混凝土抗渗性能研究较少。因此,在特殊环境作用下,除了需要研究玻璃纤维对再生混凝土的抗压性能影响外,对其抗渗性能的影响进行研究也是很有必要的。

1.2.3　特殊环境对混凝土结构的影响

1）碱性环境作用的影响

王自新等[74]通过对界面剪切黏结应力、相对滑移和界面应力,对碱性环境作用下复合筋材水泥复合板与混凝土界面的黏结性能进行研究。结果表明:试件在碱性环境中浸泡后,黏结界面会出现细小黏结裂缝,发生剪切破坏时两侧水泥板与夹芯混凝土分离,且剥离破坏的水泥板表面光滑,碱性侵蚀极大削弱了复合试件的界面黏结性能。

郭兵等[75]对碱性环境作用下建筑结构防腐与加固技术进行研究,结果表明:钢筋混凝土结构受碱性腐蚀后,构件表面疏松、脱落,截面尺寸变小,混凝土表面的腐蚀将直接导致内部钢筋腐蚀,使得混凝土抗压强度降低,从而造成结构破坏。

李晓明等[76]利用实验室加速腐蚀的方法探究不同碱性环境(pH 值分别为9、11 和 13)对水泥石的质量和抗压强度的影响。结果表明:水泥砂浆试块在强碱性环境中,外观随着浸泡时间的增长有明显变化,试块质量变化率在前期逐渐增大,随着腐蚀时间的变长,试件中后期质量开始减小,浸泡在 pH 值为 13 的溶液中的试块其抗压腐蚀系数波动最大。

Aveldaño R R 等[77]对混凝土梁在碱性环境下钢筋锈蚀开裂表征进行试验

研究。结果表明:在碱性环境中(与氢氧化钙溶液接触的混凝土中),裂隙发育较晚但发育速度快,且无氧化物向外析出。

şahmaran M 等[78]对工程水泥基复合材料(ECC)在高碱性环境下的机械载荷耐久性进行研究。结果表明:预裂 ECC 试样在碱性溶液浸泡后的初裂强度低于在空气和碱性环境中固化的初裂试样的初裂强度;随着暴露时间的增加,38 ℃的碱溶液暴露使 ECC 的拉伸应变降低约 20%,拉伸强度降低约 4%。

2)干湿循环作用的影响

清华大学的高原[79]针对干湿循环下混凝土收缩与收缩应力进行了研究,并建立干湿循环作用下自混凝土浇筑开始的混凝土收缩及收缩应力的计算方法。干湿循环下,干燥阶段混凝土收缩随湿度的下降而快速发展;湿润阶段混凝土内部相对湿度快速增加,其收缩变化趋势表现为膨胀。混凝土的收缩与膨胀导致混凝土内部损伤,甚至被破坏。

张伟勤等[80]针对 C60 高性能混凝土和 C30 普通混凝土在淡水、卤水中的干湿循环损伤规律进行研究。结果表明:在干湿循环作用后,混凝土的抗腐蚀系数均有不同程度的下降,其缺棱掉角现象十分严重,结构松散,强度损伤严重。

Sun X 等[81]针对干湿循环作用下聚丙烯纤维对弹性模量、抗压强度和抗折强度等混凝土力学性能影响进行研究。结果表明:在干湿循环作用下,混凝土胶凝材料结构出现松弛而产生孔隙,从而导致混凝土内部结构破坏;而聚丙烯纤维的掺入填充了混凝土孔隙,优化了混凝土内部结构,提高了混凝土的力学性能,且聚丙烯纤维的最佳掺量为 2%。

邵化建等[82][83]针对干湿循环作用下混凝土力学性能及微观结构进行研究,并对混凝土强度与孔隙结构之间的关系进行分析。结果表明:在干湿循环作用下,不同强度等级混凝土的相对抗压强度、相对劈裂抗拉强度变化趋势相同,即先增大再减小的变化趋势,且相对劈裂抗拉强度较抗压强度衰减更为显著。

Gao Y 等[84]研究了干湿循环下混凝土结构收缩应力的数值模拟。结果表明:混凝土柱在干燥前,沿径向方向的收缩应变是均匀的,随着表面干燥的进行,从中心向外表面沿径向的收缩梯度逐渐增大,最大和最小收缩率分别发生在柱的外表面和中心。干湿循环作用影响区的深度受混凝土强度和干湿状态的影响。

Liang H 等[85]对 CFRP 与混凝土界面在干湿循环和持续荷载作用下的黏结性能进行了可靠度分析。结果表明:随着干湿循环时间的增加,胶粘剂的强度不断下降,试件的破坏位置由混凝土向黏结界面转移,混凝土复合试件在干湿循环暴露90 d、180 d 和360 d 后界面断裂能(GF)的平均值分别下降了5.71%、8.70%和13.09%。此外,暴露于干湿循环中的混凝土试件的 GF 平均值和变异系数明显大于未经过干湿循环的试件。

3)冻融循环作用的影响

贺晓东[86]对冻融循环作用下不同骨料替代率的再生混凝土新旧界面抗剪性能进行研究。结果表明:随着再生骨料替代率的增加,再生混凝土新旧界面的破坏荷载减小,且取代率级别每增大一个级别,界面破坏荷载下降约10%;当再生骨料替代率超过70%时,混凝土试件受冻融循环破坏严重,直接影响试验的进行。C40 试件界面破坏荷载比 C30 试件高约20%。

时旭东等[87][88]探究了冻融循环作用对混凝土构件受压性能的影响。结果表明:冻融循环作用对混凝土受压性能的破坏与冻融循环次数有关,且冻融循环次数越多,混凝土构件破坏越严重,且其受压承载能力也随之下降,在轴向受压加载过程中,混凝土破坏形式呈压碎破坏。

Dong Y 等[89]利用纳米 X 射线 CT 获得的500 次和1 500 次冻融循环混凝土的微观结构,研究了冻融循环过程中形成的微裂缝对混凝土整体力学性能和断裂性能的影响。结果表明:经过500 次和1 500 次冻融循环后,混凝土试件出现了大量的微裂纹;微裂缝导致混凝土的力学性能和断裂性能下降,是引起力学性能退化的主要原因。

韩女[90]以孔隙率作为主要参数,对冻融循环作用下混凝土孔隙结构级损伤演化规律进行研究。结果表明:随着冻融循环的进行,混凝土有害孔比重逐渐增长,在100 次冻融循环后,混凝土孔隙结构发生显著变化,并建立了混凝土孔隙结构与力学性能的关系。

段小龙等[91][92][93][94]对冻融循环作用下纤维混凝土力学性能和损伤模型进行研究。结果表明:在冻融初期,钢纤维对混凝土的抗压强度和抗折强度影响较大,随着冻融循环次数的增加,影响逐渐较小;聚丙烯纤维掺入混凝土中可以明显改善其抗渗性能,且在 1.5% 纤维掺量时混凝土抗冻性能最强;并建立了冻融损伤模型。

基于上述特殊环境对混凝土结构影响的研究现状,国内外研究者们对特殊环境下对混凝土结构影响的研究成果较多,也相对较成熟。但对碱性环境、干湿循环作用下再生混凝土及纤维再生混凝土的研究较少,尤其是对其抗渗性能的研究几乎没有。冻融循环作用下再生混凝土及纤维再生混凝土的研究成果较多,但多为钢纤维及聚丙烯纤维,对玻璃纤维再生混凝土的研究较少。因此,对特殊环境作用下玻璃纤维再生混凝土的抗压、抗渗等性能进行研究也是很有必要的。

1.2.4　分散剂的研究现状

1)分散剂的发展史

纤维直径很小,纤维加入其他基体中很难均匀分散,为此学者们研究出多种分散剂,用以改善不同纤维在不同基体中的分散情况。分散剂开始主要是油溶性分散剂和乳液型分散剂,这种分散剂的应用具有局限性,有的易挥发,甚至存在有害物质。后研制出水溶性分散剂、通用型分散剂,这类分散剂具有环保、易用等优点。特别是目前很受关注的高分子分散剂,其相较于传统的表面活性剂,超分散剂链段上的基团取代了亲水、亲油基团,超分散剂上的锚固基团吸附在纤维表面,并且超分散剂的链段上有大量的基团,因此其吸附力更强[95][96][97][98][99]。超分散剂一般以增强吸附厚度来增加吸附效果,比传统分散剂的分散效果更稳定。

陈清等[100]研究了羟乙基纤维素、羟丙基甲基纤维素、六偏磷酸钠对玻璃纤维浆料分散性的影响。结果表明:添加分散剂六偏磷酸钠的玻璃纤维浆的分散性最好,最佳掺量为 0.04%(质量分数)。

张素风等[101]用硅烷偶联剂醇溶液、苯酚-四氯乙烷等溶剂浸泡玻璃纤维，然后用纤维分离机疏解纤维，发现经过苯酚-四氯乙烷浸泡后的玻璃纤维分散性更好。

时艺娟等[102]对脆性纤维的助剂分散方法和物理分散方法进行归纳，这两种方法是解决纤维在不同体系中分散问题的有效途径。水溶性分散剂更加环保，无污染；超支化分散剂对玻璃纤维复合材料的力学性能、表观性能和分散性有明显提高。

段景宽等[103]研究了五种新型结构的分散剂对玻璃纤维复合材料分散性的影响，其中，具有酰胺基团的微交联结构分散剂（JWF-EBC）能明显改善填料的分散性。

Hanane 等[104]将分散剂（BYKW-980）作为 Alfa 纤维和聚乳酸聚合物的相容剂，分散剂对纤维表面改性，使得纤维在聚乳酸基体中分散性更好。

纤维混凝土中"纤维成团"问题限制了纤维混凝土在工程应用中的发展。目前国内外主要通过物理方法和化学方法对纤维改性，从而改善纤维的分散性。化学方法主要通过添加无机电解质类分散剂和表面活性剂，通过不同聚合物与玻璃纤维复掺，改善纤维与基体的界面结构。同时，聚合物可以黏附在纤维表面，对纤维起到一定的保护作用，提高纤维的耐碱性能[105][106][107]。

2）分散剂的作用

纤维分散剂的作用主要表现为以下四个方面[108]：

①分散剂可以发生电离或者通过自身链段上所带的基团吸附在纤维表面。

②加入分散剂后，纤维表面形成一层薄膜，由于薄膜的存在，纤维之间被分隔开，以此改善纤维成团问题。

③分散剂所带基团能与基体形成氢键、离子化使纤维表面带电荷，共同作用增强纤维和基体之间的吸附力。

④分散剂具有润滑剂的作用，分散剂表面的薄膜不仅可以改变纤维的分散性，还可以减少纤维之间的摩擦力。

3）分散剂的类别

根据配制分散剂所使用的溶剂不同，通常可将其分为两大类[109]：乳液型分散剂和溶剂型分散剂。乳液型分散剂主要是通过乳化剂等经过物理或化学法制成,其中一些存在污染环境、有害健康等问题。溶剂型分散剂是添加环氧树脂等到有机溶剂中,这类溶剂更稳定、不易挥发[110][111]。

综上,目前主要应用分散剂对玻璃纤维进行改性,从而改善玻璃纤维的分散性,此类玻璃纤维用于制作玻璃纤维制品较多。因此,分散剂对于水泥基体中玻璃纤维分散性的研究具有实际工程应用价值。

1.2.5 GFRP 混凝土结构研究现状

国内外对 GFRP 混凝土结构力学性能的研究主要集中在 GFRP 管及 GFRP 筋混凝土柱,对于梁、板等结构研究较少。

1)GFRP 管混凝土柱

曾岚等[112]设置再生粗骨料的替代率、管体厚度不同的情况下 GFRP 再生混凝土-钢管组合柱轴压力学性能情况,通过试验结果发现填充普通骨料的双管柱比组合柱的承载力更好,但延性、抗震性较差。双管组合构件力学性能在再生骨料替代率为 30% 时最好,双管空心柱比实心组合柱约束效果更好。

肖建庄等[113]对钢管/GFRP 管约束再生混凝土柱偏心受压进行了试验研究,共制作 8 个再生混凝土柱,其中 4 个是再生粗骨料取代率、膨胀剂掺量为变量的钢管约束再生混凝土柱,4 个是再生粗骨料取代率、膨胀剂掺量不同的GFRP 约束再生混凝土柱,通过试验得出极限荷载和轴向变形的试验值,对比分析其极限荷载试验值与计算值,发现钢管约束试件比 GFRP 管约束试件偏心受压极限荷载高,钢管约束试件变形的能力较弱,普通混凝土试件比再生粗骨料取代率为 100% 的再生混凝土试件抵抗变形的能力更强、极限荷载更大。

章雪峰等[114]对 GFRP 管混凝土组合长柱的轴心受压特性进行了试验研究,发现组合长柱试件的极限承载能力在 GFRP 管约束的情况下更高,承载力随着长细比的增加而下降,组合长柱试件的轴向承载能力和变形刚度与 GFRP 管的纤维缠绕角度有关。

Dong 等[115]对 GFRP 管短柱的力学性能进行了研究。试验结果表明:对于四种类型的混凝土柱,3 mm 和 4 mm GFRP 管的约束使峰值轴向抗压强度分别提高了 23% ~52% 和 65% ~83%。此外,采用 GFRP 管可以显著改善立柱的弯曲性能,尤其是在能耗方面更为明显。

2)GFRP 筋混凝土柱

Hasan 等[116]开发了一种数值积分方法来研究玻璃纤维增强聚合物(GFRP)筋增强圆形普通强度混凝土(NSC)和高强度混凝土(HSC)柱的弯矩曲率行为。研究了混凝土抗压强度和 GFRP 纵向、横向配比对组合轴向和弯曲荷载下 GFRP 筋 NSC 和 HSC 圆柱的弯矩曲率行为的影响。结果表明:增加混凝土的抗压强度或 GFRP 纵向增强比会导致弯矩承载力的增加和 GFRP 筋混凝土柱延性的降低。GFRP 螺旋(横向加固)提高了 GFRP 筋混凝土圆柱的弯矩承载能力和延展性。

Elmesalami 等[117]对 FRP 筋的类型、纵向钢筋配筋率以及荷载偏心率与宽度之比对(FRP)加固混凝土柱在同心和偏心荷载下的性能进行研究。结果表明:GFRP 筋和 BFRP 筋对提高柱的极限承载力的贡献相似,极限承载力大约提高 11%。在偏心 FRP 钢筋混凝土立柱中,增加配筋率对承载力的影响比同心立柱更为明显。分析研究表明,按照当前大多数法规和设计指南的建议,对 FRP 筋的强度贡献预测较为保守。

Karimipour 等[118]对具有不同钢筋腐蚀水平的玻璃纤维增强聚合物(GFRP)和碳纤维增强聚合物(CFRP)织物加固钢筋混凝土(RC)柱的抗震性能进行研究。5 个不同的腐蚀水平分别为 0%,5%,10%,15% 和 20%。结果表明,在低腐蚀水平(小于 15%)下,聚合物纤维织物对最大变形的影响大于无聚合物织物,而通过提高钢筋的腐蚀水平,聚合物纤维对横向变形的影响最大。

李世豪[119]进行了 GFRP 筋混凝土柱与普通钢筋混凝土柱承压性能的对比分析。结果表明:GFRP 筋构件与普通钢筋构件承载力较为接近;提高纵向 GFRP 筋配筋率能有效提高模型的承压性能。并以实际工程中的桥梁墩柱结构为模型背景,讨论了 GFRP 筋等直径替换原设计中钢筋材料的混凝土墩柱轴心承压性能。结果表明:GFRP 筋作为受压构件的纵向受压筋具有较好的应用效果,承压性能不逊于普通钢筋构件;GFRP 筋用于横向箍筋时,模型延性有一定程度的降低,应着重改善构件的延性。

3)GFRP 筋混凝土板

Wiater 等[120]对 GFRP 增强轻质混凝土板的使用寿命和最终性能进行了试验研究。试验结果表明:以普通混凝土(NWC)为参照,评估 LWC/GFRP 板的使用寿命和最终性能,发现 NWC 和 LWC 平板的性能以及测试结果和 ACI 代码预测之间存在相当大的差异。

Loganaganandan 等[121]通过试验探究玻璃纤维增强聚合物(GFRP)筋增强混凝土板(TSRCS)的冲击响应。认为与 50 mm GFRP 筋相比,采用 75 mm GFRP 筋加固的平板在减轻损伤体积比方面更有效。

范兴朗等[122]对 FRP 筋受弯构件的弯矩-曲率关系进行分析,确定有关 FRP 筋混凝土板冲切承载力的计算公式,确定 FRP 筋混凝土板的需求曲线。将文献中试验值与其他计算模型对比分析,发现 FRP 筋板承载力名义应力、混凝土板的延性与混凝土强度与柱头尺寸有关。板冲切承载力的名义应力随着配筋率与厚度的增加而增大,但板的延性随着配筋率与厚度的增加而降低。对于 FRP 筋混凝土板延性,应该充分考虑板厚与配筋率。

4)GFRP 筋混凝土梁

Junaid 等[123]对 GFRP 筋和 CFRP(碳纤维增强聚合物)加固的聚合物混凝土梁的挠曲响应进行研究。对 9 根试验梁进行准静态四点弯曲测试,4 个梁用作参考,而其他梁在高达其承载力 50% 的荷载作用下严重受损,然后使用 CFRP 板进行修复和加固,得出承载能力、应变和载荷-挠度关系,同时还观察到破坏模式和裂缝模式。发现 ACI 440-R1-06 方程对未加筋的聚合物梁的抗弯承载力做出的评估较为保守,因此可用于此类混凝土。

Alam 等[124]对 GFRP 钢筋混凝土梁有限元分析(FEA)的抗拉刚度模型进行开发和验证。该模型是从使用相同应变能密度的钢筋加固构件的现有模型得出的,所提出的模型被用于商业有限元分析程序中。利用有限元分析结果与测试结果,在荷载挠度行为、裂缝模式、极限荷载方面进行了比较,所提出的拉伸刚度模型能够准确地预测临界剪切 GFRP 筋混凝土梁的荷载挠度。

吴涛等[125]进行了 GFRP 筋、钢筋的高强轻骨料混凝土梁受弯性能试验,通过试验值评估美国 ACI 440. 1R-15、中国 GB 50608-2010 和加拿大 CSA S806-12、ISIS-M03-07 等规范的适用性。发现配筋率对试件破坏模式有一定影响,配筋率不断增大,试件首先表现为受拉破坏,再变为平衡破坏和受压破坏,掺入钢纤维可将构件的开裂弯矩平均值提高 51.71%,掺入钢纤维可将构件的承载力平均值提高 22.10%。试件变形、裂缝宽度与 GFRP 筋直径无关。通过对比试验数据与各规范,认为各规范对承载力计算误差较大,同时对平衡破坏、受压破坏的预测较保守。

5)环境对 GFRP 筋抗拉强度影响的研究现状

环境对混凝土构件的影响无处不在。目前,国内外关于环境对 GFRP 筋的影响研究包括湿热侵蚀、酸碱侵蚀、盐类侵蚀、紫外线辐射侵蚀、冻融侵蚀破坏、干湿循环侵蚀破坏等。

陆军工程大学陶翰达[126]以及刘小艳[127]等综合论述了国内外学者对 FRP 筋耐久性能的研究,发现 FRP 筋材料由于轻质高强、耐腐蚀性强,逐渐运用于工程领域,尤其是工程加固领域,并介绍了采用改进的 Arrhenius 方程预测 GFRP 筋使用寿命的方法,且都表明海洋工程等恶劣环境下 GFRP 筋的耐久性研究相对匮乏,关于其耐久性能的研究亟需突破。由此可见,有必要深入研究恶劣极端环境对 GFRP 筋耐久性能的影响。

目前,国外关于 GFRP 筋构件力学性能的研究较多。较多文献表明[128][129][130],国外有关研究人员利用 Abaqus 和 Ansys 软件模拟 GFRP 材料(其中包括门窗、传力杆、梁、轮船及飞机叶片)等构件的力学性能,但对 GFRP 筋混凝土梁在耦合环境的研究相对较少。代力[131][132][133][134]对不同腐蚀环境下 GFRP 筋的力学性能和耐久性能展开了研究,表明 GFRP 筋在碱溶液和盐溶液中退化机理相似,但在温度和时间等条件下,碱溶液对 GFRP 筋的侵蚀强于盐溶液;分析了浸泡溶液、环境温度等一系列因素对 GFRP 筋长期抗拉强度的影响,结合微观角度给出了退化机理,并利用 AFS(加速因子转化法)计算了 GFRP 筋在加速老化环境和自然老化环境中的加速转换因子;给出了真实混凝土环境下 GFRP 筋的抗拉强度寿命预测模型。Park Yeonho[135]对不同侵蚀环境下 GFRP 筋混凝土梁的长期性能退化机理进行了研究,表明 GFRP 筋由于受到环境的长期影响,其 GFRP 筋的性能退化严重,在水环境侵蚀、盐类环境侵蚀、酸性环境侵蚀、碱性环境侵蚀、干湿循环破坏、冻融破坏、高温破坏等环境中,碱性环境对 GFRP 筋的影响最大,原因是碱性环境中的 pH 值较高,会导致混凝土内部孔隙较多,从而导致 GFRP 筋的性能退化最为严重。CPoggi 等[136]用 GFRP 筋代替 RC 钢筋,揭示了在干燥和潮湿的热空气、不同的碱环境、不同浓度的盐溶液以及普通和蒸馏条件下对 GFRP 筋抗拉强度的影响。结果表明使用 GFRP 筋能明显降低环境对 GFRP 筋的影响。Ali 等[137]考虑环境暴露的长期影响,将抗拉强度乘以环境折减系数(C-E)来确定 FRP 钢筋的设计抗拉强度。

研究现状表明目前对不同 GFRP 再生混凝土结构形式的研究不够充分,包括各类腐蚀环境、高热高湿环境、碱盐酸环境、冻融循环、干湿循环等环境下的加速老化试验研究,对 GFRP 筋性能的研究包括 GFRP 筋的抗拉性能退化规律以及 GFRP 筋混凝土梁的抗弯性能、剪切性能、疲劳性能等。因此,展开 GFRP 筋混凝土梁构件的研究是十分必要的,将为 GFRP 筋混凝土结构在工程中的应用提供更有力的参考。

1.2.6 目标优化研究现状

现阶段针对试验数据的处理和最优化的检验,学者们已取得一定的进展,对于最优化方法的选择,需要选取适用性较高且准确性较好的优化方法。如今优化方法主要包括灰色关联度分析、机器学习算法优化、响应面法优化、正交实验设计等优化方法,面对试验数据的繁杂性和试验的不确定性,学者们开始对现存的方法进行改善,从而形成适用性更为广泛的优化方法。目前对于优化问题的研究现状主要包括:

Cheng 等[138]根据正交试验设计,以硅藻土、玄武岩纤维掺量和沥青集料比为影响因素,以体积密度、空隙体积、沥青填充空隙、马歇尔稳定度和劈裂强度为评价指标,采用极差分析和方差分析发现硅藻土和玄武岩纤维的加入能显著提高沥青混合料的空隙体积,降低体积密度和沥青填充空隙,并基于灰色关联度分析得到沥青混合料高低温性能最佳的混合方案为 14% 沥硅藻土、0.32% 玄武岩纤维和 5.54% 沥青集料比。

Huang 等[139]应用支持向量机回归算法和 firefly 算法,对收集到的 299 个单轴抗压强度数据和 269 个抗弯强度数据进行整合并得到多目标函数模型,发现与算法相结合的模型在相关性系数分布较好,以此探索钢纤维混凝土的最佳配合比,并为 SFRC 的最佳混合料配合比确定了设计准则。

Baykasoğlu 等[140]利用回归分析、神经网络和 Gen Expression Programming(GEP)对大量文献中的数据进行整理预测并得出相应函数关系,基于此建立了遗传算法的多目标优化模型,为数据优化预测的研究提供了一种新的方法。

Chen 等[141]以混凝土的抗冻性能、抗渗性能和成本为目标值,基于随机森林、支持向量机和遗传算法建立了高效优化模型,结果表明最小二乘支持向量机模型的拟合优度达到 0.940 84 和 0.944 3;而支持向量机和遗传算法相结合的拟合模型将混凝土耐久性各成本相结合从而确定最佳配合比,与混合料对照组相比,其抗渗性能和抗冻性能分别提高了 30.71% 和 3.17%,成本则降低了 1.84%。

Dabbaghi 等[142]对 30 种轻质结构混凝土的混合物展开研究,包括轻质膨胀黏土骨料、水灰比、水泥含量和硅粉用量,评估试验变量对轻质结构混凝土抗压强度和抗拉强度的影响情况,根据试验数据建立深度信念网络模型,用以预测轻质结构混凝土的力学性能,最后基于生命周期的多目标优化方法以最小化生命周期成本最大限度地提高材料强度性能。

Mastali 等[143]对不同纤维类型和纤维掺量的自密实混凝土展开研究,通过超声脉冲速度、抗压强度、劈裂抗拉强度、抗弯强度和抗冲击性等性能特征表征自密实混凝土的硬化情况,并基于威布尔统计方法和优化方法对数据进行整理优化,发现纤维类型和纤维掺量能显著影响自密实混凝土的力学性能;通过多准则优化得出 1.0% 掺量的工业钢纤维和 0.5% 再生钢纤维组合的纤维混合料在机械性能和抗冲击性能方面以最低成本达到了最佳的性能。

Bayramov 等[144]通过测定钢纤维的断裂能和特征长度,研究了长径比和钢纤维体积分数对混凝土弯曲断裂性能的影响,并采用三水平的因子试验设计和响应面优化方法得出纤维体积分数和长径比对断裂能和特征长度具有较大影响。

Sengul 等[145]通过掺入不同替代率粉煤灰替代部分水泥探究混凝土力学性能和耐久性能的变化情况。试验结果表明:随着混凝土抗压强度的提高,脆性指数显著增加,大体积细磨粉煤灰混凝土具有较好的抗氯离子渗透性能,当粉煤灰掺量为 40% 时对抗压强度、抗氯离子渗透和成本的综合效果最好。

Sengul 等[146]制备了废弃钢纤维混凝土、无纤维普通混凝土和商用钢纤维混凝土,用以探究不同种类钢纤维对混凝土抗压强度、劈裂抗拉强度和抗折强度等力学性能的影响情况。结果表明:废弃钢纤维与商用钢纤维的力学特征相似,但局部情况下废弃钢纤维的力学性能要低于商用钢纤维;基于试验数据和混合物经济成本,采用多目标优化技术确定最佳纤维类型和纤维掺量,以更低的成本最大幅度提高混凝土性能。

Sengul 等[147]通过制备废弃钢纤维混凝土和无纤维混凝土作对比,测定试件的抗弯强度、劈裂抗拉强度和抗折强度。结果表明:抗弯强度、残余强度和韧性随着纤维掺量的增加而提高,将试验数据与成本进行多目标优化,得出废纤维的利用效果最佳。

试验过程和数据优化能很大程度上解决多重因素影响所带来的数据冗杂错误,可以简化试验过程,将复杂数据以更为直接明了的形式展现其变化规律和最终结果的表达,为各领域的研究提供了帮助。

1.3　研究内容和研究目标

1.3.1　研究内容

本书以玻璃纤维体积率(0%、0.5%、1.0%、1.5%)为变量,对蒸汽养护、特殊环境作用(碱性、干湿循环、冻融循环)、不同分散剂(B193、S-3101B、CMC)分别对玻璃纤维再生混凝土抗压性能、抗渗性能影响进行试验研究,并探究冻融循环动弹性模量损伤、蒸养 GFRP 筋玻璃纤维再生混凝土梁和碱性-持续荷载耦合作用下 GFRP 筋玻璃纤维混凝土梁的受弯性能。

考虑混凝土的离散性,本书设置 3 组(每组 60 个、共 180 个)立方体试块进行抗压强度试验,观察其破坏形态。6 组(每组 60 个、共 360 个)抗渗试块进行抗渗试验、孔隙率试验。3 组(每组 4 个、共 12 个)棱柱体试块进行动弹性模量试验。3 组相同的试验梁(每组 4 根、共 12 根),每组包括玻璃纤维掺量为 0.5%、1.0%、1.5% 的 3 根 GFRP 筋纤维再生混凝土梁,以及一根不含纤维的再生混凝土梁作为对照,将 GFRP 筋作为受拉筋,普通钢筋作为受压筋,蒸养后脱模进行标养,达到养护时间进行四点受弯试验。设置 4 组在碱性-荷载持续耦合作用下的试验梁,每组 4 根共 16 根,每组的玻璃纤维掺量分别为 0%、0.5%、1.0% 和 1.5%,仅配置一根 GFRP 筋为受拉筋,标准养护后进行三点受弯试验和四点受弯试验。

主要研究内容如下:

(1)对玻璃纤维再生混凝土抗压性能进行试验研究,探究蒸汽养护、特殊环境作用(碱性、干湿循环、冻融循环)、不同分散剂(B193、S-3101B、CMC)分别对玻璃纤维再生混凝土抗压性能的影响。

(2)对蒸汽养护、特殊环境作用(碱性、干湿循环、冻融循环、碱性-持续荷载作用)、不同分散剂(B193、S-3101B、CMC)下玻璃纤维再生混凝土微观结构进行分析,探究蒸汽养护、特殊环境作用、不同分散剂(B193、S-3101B、CMC)对玻璃纤维再生混凝土微观结构的影响。

(3)对玻璃纤维再生混凝土抗渗性能进行试验研究,探究蒸汽养护、特殊环境作用(碱性、干湿循环、冻融循环)、不同分散剂(B193、S-3101B、CMC)分别对玻璃纤维再生混凝土抗渗性能的影响。

(4)根据试验数据,建立特殊环境作用下玻璃纤维再生混凝土质量损伤衰减模型,基于抗压强度损失率,建立能够描绘不同纤维掺量的再生混凝土在不同特殊环境作用及时间(次数)下的抗压强度损伤情况的双自变量抗压强度损伤衰减模型。基于 Weibull 分布建立玻璃纤维再生混凝土动弹性模量冻融损伤模型,并根据不同地区年平均冻融循环次数对玻璃纤维再生混凝土的影响进行寿命预测。

（5）基于试验数据，建立分散剂对玻璃纤维混凝土和玻璃纤维再生混凝土本构模型，再从能量损失的角度，结合 Najar 理论进行纤维混凝土能量损伤模型的推导，建立受压损伤模型；分析分散剂对纤维混凝土构件受压损伤过程的影响；通过有限元软件 ABAQUS 模拟受压损伤过程。

（6）对 GFRP 筋玻璃纤维再生混凝土梁受弯性能进行试验研究，分析其裂缝形态、开裂荷载与极限荷载值、梁的荷载-挠度、平截面假定、受拉 GFRP 筋应变的变化规律，并对其挠度及短期刚度进行验算，为其运用于实际工程中提供理论参考。建立 GFRP 玻璃纤维再生混凝土梁试验模型，模拟试验梁各项力学性能，与试验值得到了较好的吻合。

（7）探究长期碱性环境和持续荷载共同作用下玻璃纤维掺量对 GFRP 筋混凝土梁的抗弯性能影响、GFRP 筋与混凝土的黏结性能影响、GFRP 筋抗拉性能影响，分别从宏观和微观角度对性能变化情况和机理进行分析，根据宏观与微观试验所得数据建立有限元模型，验证玻璃纤维对 GFRP 筋混凝土的影响规律。

1.3.2　研究目标

（1）研究得出蒸汽养护、特殊环境（碱性、干湿循环、冻融循环）作用下再生混凝土玻璃纤维最佳掺量。

（2）得出蒸汽养护、特殊环境作用（碱性、干湿循环、冻融循环）、不同分散剂（B193、S-3101B、CMC）分别对玻璃纤维再生混凝土抗压性能及抗渗性能的影响规律。

（3）建立特殊环境作用下玻璃纤维再生混凝土损伤模型，预测我国地区损伤现象，对各地纤维再生混凝土应用提供指导意见。

（4）分别得出玻璃纤维对蒸养 GFRP 筋再生混凝土梁和碱性-持续荷载耦合作用下 GFRP 筋混凝土梁受弯性能的影响规律。

第 2 章　玻璃纤维再生混凝土抗压强度及破坏特征

2.1　引　言

抗压性能是评价混凝土工作性能的标准之一。本章对蒸汽养护、特殊环境作用(碱性、干湿循环、冻融循环)、不同分散剂(B193、S-3101B、CMC)下的玻璃纤维再生混凝土和长期碱性环境作用下玻璃纤维混凝土的抗压性能进行试验研究,通过试件抗压强度探究蒸汽养护及特殊环境作用下玻璃纤维再生混凝土(玻璃纤维混凝土)抗压性能变化规律及分散剂对水泥基体中玻璃纤维分散性的影响。

2.2　试验设计

2.2.1　试件制作

1)蒸养玻璃纤维再生混凝土抗压试件设计与制作

本试验再生混凝土配合比见表 2.1,再生混凝土配合比为参考普通混凝土配合比,以再生粗骨料取代率为 0% 为基准,混凝土强度等级为 C50,其中再生粗骨料替代率为 25%,本试验中纤维均采用外掺。

表 2.1　再生混凝土配合比

R/%	水泥	水	砂	NCA	RCA	W/C	P/%
25	1	0.37	1.33	1.70	0.57	0.37	30

注:R 为再生粗骨料取代率,NCA 为天然粗骨料,RCA 为再生粗骨料,W/C 为水灰比,P 为砂率。

制作 3 个体积率分别为 0.5%、1.0%、1.5% 的玻璃纤维再生混凝土立方体试块(K-BRC),以及 1 个不含纤维的再生混凝土立方体试块(K-RC)进行对照试验,再生粗骨料取代率为 25%,每种试块同步制作 3 个共计 12 个,详细试件参数见表 2.2。

表 2.2　抗压试块设计参数

试件编号	体积/mm³	纤维体积率/%	粗骨料替代率/%	温度/℃	混凝土强度等级
K-RC	150×150×150	0	25	60	C50
K-BRC-0.5	150×150×150	0.5	25	60	C50
K-BRC-1.0	150×150×150	1.0	25	60	C50
K-BRC-1.5	150×150×150	1.5	25	60	C50

注:B 代表玻璃纤维,RC 代表再生混凝土。

如图 2.1 所示,试验中用篷布包裹住所有试验构件,防止蒸汽外泄影响蒸养效果,保证恒温养护温度为(60±5)℃。养护方式采用先蒸养再标养,如图 2.2 所示。蒸养过程中采用常温下静停 4 h、升温 4 h、恒温 8 h、降温 4 h(共 20 h),恒温温度为(60±5)℃。蒸养过程中,通过温度感应片监测混凝土内部蒸养温度,以此保证蒸养过程中混凝土内部温度为恒温(60±5)℃,蒸养结束后进行标养,达到规定龄期进行试验。

2)特殊环境下玻璃纤维再生混凝土抗压试件设计与制作

本试验混凝土设计强度为 C30,再生混凝土配合比参考普通混凝土配合比,以再生骨料替代率为 25% 进行计算,再生混凝土配合比见表 2.3。玻璃纤维按体积率为 0%、0.5%、1.0%、1.5% 分别外掺入再生混凝土中。

图 2.1 蒸养示意图

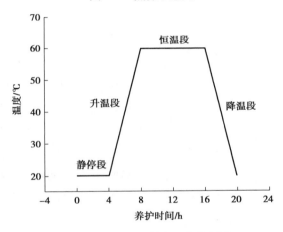

图 2.2 蒸汽养护制度温度控制图

表 2.3 再生混凝土配合比设计

R/%	水泥	水	砂	NCA	RCA	粉煤灰	减水剂	W/C	P/%
25	1	0.42	1.71	1.77	0.59	0.21	1.26	0.35	0.78

注:R 为再生粗骨料取代率,NCA 为天然粗骨料,RCA 为再生粗骨料,W/C 为水灰比,P 为砂率。

    试验根据玻璃纤维掺量(体积率为 0%、0.5%、1.0%、1.5%)的不同、环境作用(碱性环境、干湿循环、冻融循环)的不同,以及不同环境作用的时间(或次数)的不同(碱性环境 30 d、60 d、90 d;干湿循环 20 次、40 次、60 次;冻融循环 50 次、100 次、150 次),并与室内环境作为对比,共设计 40 组试件,每组制作 3 个立方体抗压试件,见表 2.4。

表2.4　试件分组设计

分组编号	纤维掺量/%	环境作用	立方体试件	
			尺寸/mm	数量/个
S-0	0	室内	100×100×100	3
S-0.5	0.5	室内	100×100×100	3
S-1.0	1.0	室内	100×100×100	3
S-1.5	1.5	室内	100×100×100	3
A-30-0	0	碱性	100×100×100	3
A-30-0.5	0.5	碱性	100×100×100	3
A-30-1.0	1.0	碱性	100×100×100	3
A-30-1.5	1.5	碱性	100×100×100	3
A-60-0	0	碱性	100×100×100	3
A-60-0.5	0.5	碱性	100×100×100	3
A-60-1.0	1.0	碱性	100×100×100	3
A-60-1.5	1.5	碱性	100×100×100	3
A-90-0	0	碱性	100×100×100	3
A-90-0.5	0.5	碱性	100×100×100	3
A-90-1.0	1.0	碱性	100×100×100	3
A-90-1.5	1.5	碱性	100×100×100	3
D-20-0	0	干湿循环	100×100×100	3
D-20-0.5	0.5	干湿循环	100×100×100	3
D-20-1.0	1.0	干湿循环	100×100×100	3
D-20-1.5	1.5	干湿循环	100×100×100	3
D-40-0	0	干湿循环	100×100×100	3
D-40-0.5	0.5	干湿循环	100×100×100	3
D-40-1.0	1.0	干湿循环	100×100×100	3
D-40-1.5	1.5	干湿循环	100×100×100	3
D-60-0	0	干湿循环	100×100×100	3
D-60-0.5	0.5	干湿循环	100×100×100	3

续表

分组编号	纤维掺量/%	环境作用	立方体试件	
			尺寸/mm	数量/个
D-60-1.0	1.0	干湿循环	100×100×100	3
D-60-1.5	1.5	干湿循环	100×100×100	3
F-50-0	0	冻融循环	100×100×100	3
F-50-0.5	0.5	冻融循环	100×100×100	3
F-50-1.0	1.0	冻融循环	100×100×100	3
F-50-1.5	1.5	冻融循环	100×100×100	3
F-100-0	0	冻融循环	100×100×100	3
F-100-0.5	0.5	冻融循环	100×100×100	3
F-100-1.0	1.0	冻融循环	100×100×100	3
F-100-1.5	1.5	冻融循环	100×100×100	3
F-150-0	0	冻融循环	100×100×100	3
F-150-0.5	0.5	冻融循环	100×100×100	3
F-150-1.0	1.0	冻融循环	100×100×100	3
F-150-1.5	1.5	冻融循环	100×100×100	3

注：S、A、D 和 F 分别表示室内环境、碱性环境、干湿循环和冻融循环。

3）不同分散剂下的玻璃纤维再生混凝土抗压试件设计与制作

本试验采用 150 mm×150 mm×150 mm 的标准试件进行立方体抗压试验，每组 3 个试件。各类型混凝土试件设计和数量见表 2.5。

表 2.5　玻璃纤维再生混凝土试件

编号	再生粗骨料替代率/%	玻璃纤维体积率/%	分散剂	分散剂质量分数/%	立方体试件数量/个
R-0-0	0	1	—	0	3
R-0-15	15	1	—	0	3
R-0-25	25	1	—	0	3

续表

编号	再生粗骨料替代率/%	玻璃纤维体积率/%	分散剂	分散剂质量分数/%	立方体试件数量/个
R-0-35	35	1	—	0	3
B-0.5-0	0	1	B193	0.5	3
B-0.5-15	15	1	B193	0.5	3
B-0.5-25	25	1	B193	0.5	3
B-0.5-35	35	1	B193	0.5	3
S-0.2-0	0	1	S-3101B	0.2	3
S-0.2-15	15	1	S-3101B	0.2	3
S-0.2-25	25	1	S-3101B	0.2	3
S-0.2-35	35	1	S-3101B	0.2	3
C-0.5-0	0	1	CMC	0.5	3
C-0.5-15	15	1	CMC	0.5	3
C-0.5-25	25	1	CMC	0.5	3
C-0.5-35	35	1	CMC	0.5	3

注:编号中 S、B、C 分别表示分散剂 S-3101B、B193、CMC;R 组不加分散剂。B-0.5-15 表示添加质量分数为 0.5% 的分散剂 B193,再生粗骨料替代率为 15%。

混凝土的立方体抗压试验尺寸都为 150 mm×150 mm×150 mm,合计立方体试件 48 个。制备完成的试件养护时间为 28 d。

4)碱性环境长期作用下玻璃纤维混凝土抗压试件和碱性-持续荷载耦合作用下 GFRP 筋玻璃纤维混凝土梁构件设计与制作

本试验的配合比见表 2.6,同批次制作两种不同试件;混凝土立方体试块、GFRP 筋纤维混凝土梁的具体试件个数见表 2.7。

表 2.6 混凝土配合比设计

水泥/kg	砂/kg	碎石/kg	水/kg	粉煤灰/kg	减水剂/kg	水灰比
420	720	992	175	87	1.26	0.53

表 2.7　标准立方体试件数量表

编号	尺寸/mm	数量/个
N(450)-G-0	150×150×150	3
N(450)-G-0.5	150×150×150	3
N(450)-G-1.0	150×150×150	3
N(450)-G-1.5	150×150×150	3
A(450)-G-0	150×150×150	3
A(450)-G-0.5	150×150×150	3
A(450)-G-1.0	150×150×150	3
A(450)-G-1.5	150×150×150	3
总计	—	24

注:其中 N(450)代表试块在自然环境状态下的天数;A(450)代表试块在碱性环境下的天数。

2.2.2　试验方法

试验根据《普通混凝土力学性能试验方法标准》(GB/T 50081—2019)[148]和《纤维混凝土试验方法标准》(CECS:13—2009)[149]的要求,在微机控制电液伺服压力试验机上对试件进行立方体抗压试验。万能试验机如图 2.3 所示。加载速度取 0.3~0.5 MPa/s。

立方体抗压试验的具体步骤如下:

(1)取出养护好的试件,用抹布清洁好试件表面。

(2)以试件成型面的侧面作为受力面,将试件放置在面板中心,然后调整试验机压板与试件上表面平齐、轻轻靠近。

(3)试验加压速度设为 0.5 MPa/s,保持匀速加载。当试件破坏后,停止试验,记录试验结果,并观察试件的抗压破坏形态。

混凝土试件抗压强度计算公式如下:

$$f_{cc} = \frac{F}{A} \tag{2.1}$$

式中　f_{cc}——混凝土试件抗压强度值，MPa；

　　　F——混凝土试件破坏时的最大荷载，N；

　　　A——试件承压面积，mm^2。

图 2.3　万能试验机

2.3　蒸汽养护玻璃纤维再生混凝土抗压性能

图 2.4 为玻璃纤维再生混凝土立方体试件抗压强度随纤维含量变化的折线图。从图中可以看出，含有玻璃纤维的再生混凝土相比于普通再生混凝土，其抗压强度略有提高但不明显，掺入玻璃纤维体积率为 0%、0.5%、1.0%、1.5% 的再生混凝土立方体试件的抗压强度分别为 47.5 MPa、48.6 MPa、51.2 MPa、49.5 MPa，提高幅度分别为 2.32%、7.79%、4.21%。其原因在于：分布于混凝土中的玻璃纤维能起到一定的黏结作用，使得再生混凝土的密实性更好，从而提高了抗压强度，但对再生混凝土抗压强度贡献不大。

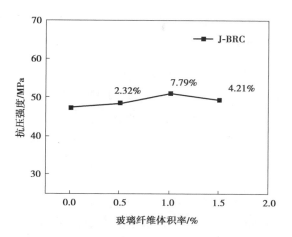

图 2.4　不同体积率玻璃纤维再生混凝土抗压强度

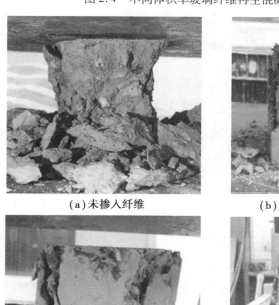

（a）未掺入纤维

（b）玻璃纤维体积率为0.5%

（c）玻璃纤维体积率为1.0%

（d）玻璃纤维体积率为1.5%

图 2.5　不同体积率玻璃纤维再生混凝土破坏形态

图 2.5 为玻璃纤维含量不同的情况下再生混凝土立方体试件抗压破坏时外观特征图。图(a)破坏前出现裂缝较多,破坏时周围伴随有混凝土剥落。图(b)(c)(d)为掺有玻璃纤维的再生混凝土立方体试块。掺有玻璃纤维的再生混凝土试件破坏前出现裂缝较少,破坏时伴随有少量混凝土剥落,达到极限抗压强度时试件完整度较好,其原因在于:玻璃纤维与骨料及混凝土水泥基之间有较好的黏结性,从而承担了一部分拉应力,延缓了裂缝的出现,增强了再生混凝土的塑性。

2.4 特殊环境下玻璃纤维再生混凝土抗压强度

2.4.1 碱性环境作用下玻璃纤维再生混凝土的抗压性能

抗压性能是评价混凝土工作性能的标准之一。为探究玻璃纤维对碱性环境作用下再生混凝土抗压性能的影响,本研究将不同玻璃纤维体积率(0%、0.5%、1.0%、1.5%)再生混凝土分别置于碱性溶液中作用 30 d、60 d 和 90 d,并与室内环境中玻璃纤维再生混凝土进行对比,通过破坏形态及立方体抗压强度变化规律对抗压性能进行分析。

1)受压破坏特征分析

碱性环境作用下,不同玻璃纤维体积率(0%、0.5%、1.0%、1.5%)的再生混凝土立方体受压破坏特征如图 2.6 所示。

从破坏现象可以看出,在碱性环境作用下,掺入玻璃纤维的再生混凝土,破坏时先从试件顶端出现数条细小裂缝,随着荷载的增加,裂缝继续发展甚至贯穿整个试件,同时裂缝也随之变宽。破坏时,试件仅有少量混凝土脱落,试件保持比较完整。而未掺入玻璃纤维的再生混凝土破坏时则是突然崩坏,并伴随着大量混凝土的崩裂,破坏时试块不完整。其原因在于:玻璃纤维与骨料及混凝土水泥基之间有较好的黏结性,在试件受压时承担了一部分拉应力,延缓了裂缝的出现,增强了再生混凝土的塑性。

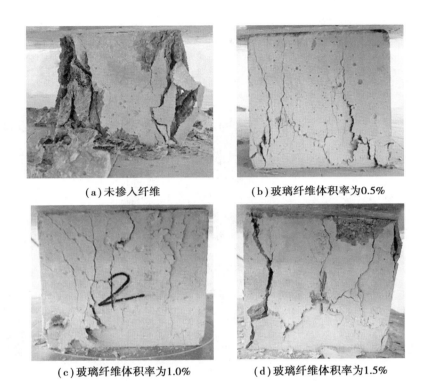

（a）未掺入纤维　　　　　　　（b）玻璃纤维体积率为0.5%

（c）玻璃纤维体积率为1.0%　　　（d）玻璃纤维体积率为1.5%

图 2.6　碱性环境下不同玻璃纤维掺量的再生混凝土破坏形态

2）立方体抗压强度分析

将不同碱性环境作用时间下、不同玻璃纤维含量的再生混凝土立方体试件进行抗压试验，得出结果如图 2.7、图 2.8 所示。

由图 2.7 可以看出，在相同碱性作用时间下，再生混凝土抗压强度随玻璃纤维掺量的增加呈先提高再减小的变化趋势。在室内环境作用下，玻璃纤维掺量为 0%、0.5%、1.0%、1.5% 的再生混凝土抗压强度分别为 47.3 MPa、49.8 MPa、52.6 MPa、51.8 MPa。以玻璃纤维体积率为 0% 作为基准，玻璃纤维掺量为 0.5%、1.0%、1.5% 的再生混凝土抗压强度增幅分别为 5.29%、11.21%、9.51%。碱性环境作用 30 d 后，玻璃纤维掺量为 0%、0.5%、1.0%、1.5% 的再生混凝土抗压强度分别为 45.1 MPa、47.8 MPa、48.6 MPa、48.0 MPa。以玻璃纤维体积率为 0% 作为基准，玻璃纤维掺量为 0.5%、1.0%、1.5% 的再生混凝土抗压强度增幅分别为 5.99%、7.76%、6.43%。碱性环境作用 60 d 后，玻璃

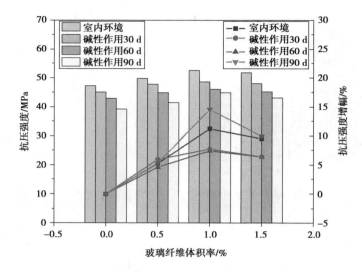

图 2.7　碱性环境下抗压强度随玻璃纤维掺量变化

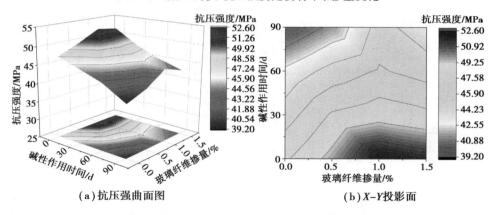

（a）抗压强曲面图　　　　　　（b）X-Y投影面

图 2.8　玻璃纤维掺量与碱性作用时间联合因素对抗压强度的影响

纤维掺量为 0%、0.5%、1.0%、1.5% 的再生混凝土抗压强度分别为 42.9 MPa、44.9 MPa、46.1 MPa、45.2 MPa。以玻璃纤维体积率为 0% 作为基准,玻璃纤维掺量为 0.5%、1.0%、1.5% 的再生混凝土抗压强度增幅为 4.66%、7.46%、5.36%。碱性环境作用 90 d 后,玻璃纤维掺量为 0%、0.5%、1.0%、1.5% 的再生混凝土抗压强度分别为 39.2 MPa、41.5 MPa、44.9 MPa、43.1 MPa。以玻璃纤维体积率为 0% 作为基准,玻璃纤维掺量为 0.5%、1.0%、1.5% 的再生混凝土抗压强度增幅分别为 5.36%、14.54%、9.95%。碱性环境作用下,玻璃纤维的掺入可以有效提高再生混凝土抗压强度,且在体积率为 1.0% 时增幅最大。随着玻璃纤维掺量的继续增加,玻璃纤维因掺量过多而不易分散,纤维成团导致玻璃纤维对再生混凝土抗压强度的增幅有所减小。

由图 2.8(a)可以看出,在玻璃纤维与碱性环境的联合影响下,再生混凝土抗压强度仍然能够得到提高,且在玻璃纤维为 1.0% 时最大。玻璃纤维掺量的减小和增加都影响抗压强度提高的幅度。由图 2.8(b)可以看出,未掺玻璃纤维的混凝土在碱性环境作用 90 d 后抗压强度最小。室内环境下玻璃纤维体积率为 1.0% 时抗压强度最大。在碱性环境作用下,未掺玻璃纤维的再生混凝土抗压强度最小,玻璃纤维体积率为 1.0% 时混凝土抗压强度最大,即玻璃纤维体积率为 1.0% 时为最佳掺量。

2.4.2　干湿循环作用下玻璃纤维再生混凝土的抗压性能

干湿循环作用使混凝土结构空隙增加,内部密实性变差,粗化了混凝土表面结构,从而造成混凝土破坏。为探究玻璃纤维对干湿循环作用下再生混凝土抗压性能的影响,本研究将不同玻璃纤维体积率(0%、0.5%、1.0%、1.5%)再生混凝土分别进行 20 次、40 次和 60 次干湿循环,并与室内环境中玻璃纤维再生混凝土进行对比,通过破坏形态及立方体抗压强度变化规律对抗压性能进行分析。

1)受压破坏特征分析

干湿循环作用后不同玻璃纤维掺量的再生混凝土立方体受压破坏形态如图 2.9 所示。由图中可以看出,不同玻璃纤维掺量的再生混凝土破坏特征具有明显区别。图 2.9(a)为未掺玻璃纤维的再生混凝土试件,破坏前出现裂缝较少,破坏时很"脆",并伴随着大量的混凝土剥落。图 2.9(b)、(c)和(d)为掺有玻璃纤维的再生混凝土立方体试件,其在破坏前出现较多裂缝,破坏时裂缝因受力变宽,并伴随着少量混凝土的剥落,达到极限抗压强度时试件完整度较好。分析其原因为:玻璃纤维掺入混凝土中被胶凝材料包裹,并与骨料之间具有很好的黏结性,当试件受压破坏时,玻璃纤维对混凝土各基体间起到黏结作用,承担了一部分拉应力,增强了再生混凝土的塑性,从而使试件破坏时具有较好的完整性,提高了再生混凝土的抗压强度。

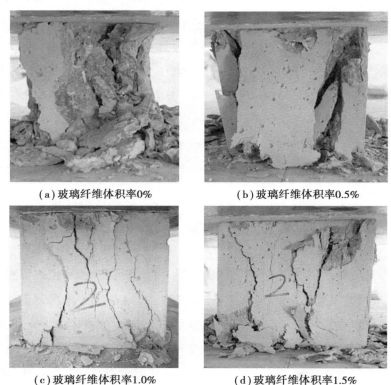

(a)玻璃纤维体积率0%　　　　　　　(b)玻璃纤维体积率0.5%

(c)玻璃纤维体积率1.0%　　　　　　　(d)玻璃纤维体积率1.5%

图2.9　干湿循环作用下不同玻璃纤维掺量的再生混凝土破坏形态

2)立方体抗强度分析

将不同干湿循环次数、不同玻璃纤维掺量的再生混凝土立方体试件进行抗压试验,结果如图2.10、图2.11所示。

由图2.10可以看出,不同玻璃纤维掺量的再生混凝土抗压强度随干湿循环次数的增加而减小。从抗压强度增幅曲线可以看出,干湿循环作用下再生混凝土随玻璃纤维掺量的变化趋势基本一致,抗压强度随玻璃纤维掺量的增加而增加,并在掺量为1.0%时达到最大增幅,在掺量继续增加至1.5%时增幅有所下降。在室内环境作用下,玻璃纤维掺量为0%、0.5%、1.0%、1.5%的再生混凝土抗压强度分别为47.3 MPa、49.8 MPa、52.6 MPa、51.8 MPa。以玻璃纤维

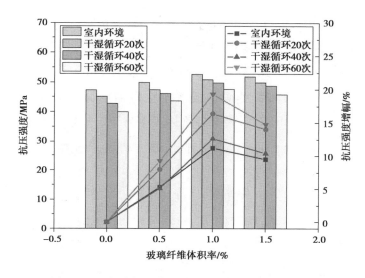

图 2.10　干湿循环下抗压强度随玻璃纤维掺量变化

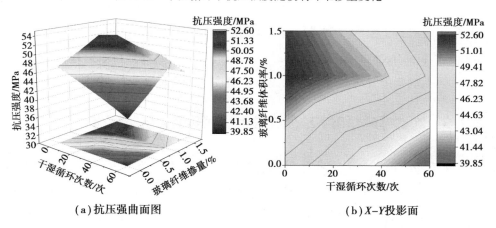

（a）抗压强曲面图　　　　　　　　（b）X-Y 投影面

图 2.11　玻璃纤维掺量与干湿循环次数联合因素对抗压强度的影响

体积率为 0% 作为基准,玻璃纤维掺量为 0.5% 、1.0% 、1.5% 的再生混凝土抗

压强度增幅分别为 5.29% 、11.21% 、9.51% 。干湿循环 20 次后,玻璃纤维掺量

为 0% 、0.5% 、1.0% 、1.5% 的再生混凝土抗压强度分别为 45.1 MPa、47.4

MPa、50.8 MPa、49.8 MPa。以玻璃纤维体积率为 0% 作为基准,玻璃纤维掺量

为 0.5% 、1.0% 、1.5% 的再生混凝土抗压强度增幅分别为 5.10% 、12.64% 、

10.42% 。干湿循环 40 次后,玻璃纤维掺量为 0% 、0.5% 、1.0% 、1.5% 的再生

混凝土抗压强度分别为 42.7 MPa、46.1 MPa、49.7 MPa、48.7 MPa。以玻璃纤维体积率为 0% 作为基准,玻璃纤维掺量为 0.5%、1.0%、1.5% 的再生混凝土抗压强度增幅为 7.96%、16.39%、14.05%。干湿循环 60 次后,玻璃纤维掺量为 0%、0.5%、1.0%、1.5% 的再生混凝土抗压强度分别为 39.9 MPa、43.6 MPa、47.6 MPa、45.8 MPa。以玻璃纤维体积率为 0% 作为基准,玻璃纤维掺量为 0.5%、1.0%、1.5% 的再生混凝土抗压强度增幅分别为 9.27%、19.30%、14.79%。

由图 2.11(a)可以看出,在玻璃纤维与干湿循环作用的联合影响下,再生混凝土的抗压强度仍然能够得到提高,玻璃纤维掺量的减小和增加都影响抗压强度提高的幅度。由图 2.11(b)可知,在室内环境作用下,玻璃纤维体积率为 1.0% 时再生混凝土抗压强度最大;未掺玻璃纤维的再生混凝土在进行 60 次干湿循环后抗压强度最小。分析其原因:干湿循环作用使混凝土内部毛细作用加强,从而使混凝土结构空隙增加,内部密实性变差,最终导致混凝土的损伤;而玻璃纤维的掺入会增加再生混凝土密实性,对再生混凝土骨料之间起到连接作用,在再生混凝土受压时能够提供拉力从而提高抗压强度。

2.4.3 冻融循环作用下玻璃纤维再生混凝土的抗压性能

冻融循环使混凝土表面骨料发生破损并出现疏松、剥落,严重的甚至会导致粗骨料与胶凝材料产生分离,从而影响混凝土的抗压性能。为探究冻融循环作用下玻璃纤维对再生混凝土抗压性能的影响,本研究将不同玻璃纤维体积率(0%、0.5%、1.0%、1.5%)再生混凝土分别进行 50 次、100 次和 150 次冻融循环,并与室内环境中玻璃纤维再生混凝土进行对比,通过破坏形态及立方体抗压强度变化规律对抗压性能进行分析。

1)受压破坏特征分析

冻融循环作用后,不同玻璃纤维掺量的再生混凝土立方体受压破坏形态如图 2.12 所示。由图中可以看出,不同玻璃纤维掺量的再生混凝土破坏特征具有明显区别。图 2.12(a)为未掺纤维的再生混凝土试件,破坏前出现裂缝较少,破坏时很"脆",并伴随着大量的混凝土剥落。图 2.12(b)为玻璃纤维再生混凝土立方体试件,掺有玻璃纤维的再生混凝土立方体试件破坏前出现较多裂缝,破坏时裂缝因受力变宽,并伴随着少量混凝土的剥落,达到极限抗压强度时试件完整度较好。分析其原因为:玻璃纤维在再生混凝土与骨料之间具有很好的黏结性,当试件受压破坏时,玻璃纤维对混凝土起到黏结作用,承担了一部分拉应力,增强了再生混凝土的塑性,从而使试件破坏时具有较好的完整性,提高了再生混凝土抗压强度。

(a)再生混凝土　　　　　　　　(b)玻璃纤维再生混凝土

图 2.12　冻融循环作用下不同玻璃纤维掺量再生混凝土破坏形态

2)抗压强度分析

将不同冻融循环次数、不同玻璃纤维掺量的再生混凝土立方体试件进行抗压试验,结果如图 2.13、图 2.14 所示。

由图 2.13 可以看出,不同玻璃纤维掺量的再生混凝土抗压强度随冻融循环次数的增加而减小。从抗压强度增幅曲线可以看出,冻融循环作用下再生混凝土随玻璃纤维掺量的变化趋势基本一致,抗压强度随玻璃纤维掺量的增加而提高,并在掺量为 1.0% 时达到最大增幅,在掺量继续增加至 1.5% 时增幅有所下降。在室内环境作用下,玻璃纤维掺量为 0%、0.5%、1.0%、1.5% 的再生混凝土抗压强度分别为 47.3 MPa、49.8 MPa、52.6 MPa、51.8 MPa。以玻璃纤维体积率为 0% 作为基准,玻璃纤维掺量为 0.5%、1.0%、1.5% 的再生混凝土抗

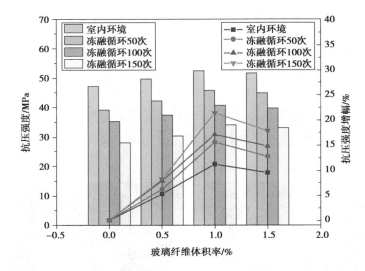

图 2.13 冻融循环作用下抗压强度随玻璃纤维掺量变化

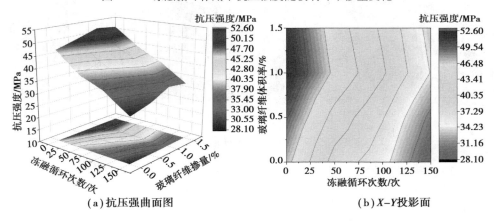

（a）抗压强曲面图 　　　　　　　　（b）X-Y投影面

图 2.14 玻璃纤维掺量与冻融循环次数联合因素对抗压强度的影响

压强度增幅分别为 5.29%、11.21%、9.51%。冻融循环 50 次后，玻璃纤维掺量为 0%、0.5%、1.0%、1.5% 的再生混凝土抗压强度分别为 39.2 MPa、42.3 MPa、45.9 MPa、45.0 MPa。以玻璃纤维体积率为 0% 作为基准，玻璃纤维掺量为 0.5%、1.0%、1.5% 的再生混凝土抗压强度增幅分别为 7.91%、17.09%、14.80%。冻融循环 100 次后，玻璃纤维掺量为 0%、0.5%、1.0%、1.5% 的再生混凝土抗压强度分别为 35.3 MPa、37.5 MPa、40.8 MPa、39.8 MPa。以玻璃纤维体积率为 0% 作为基准，玻璃纤维掺量为 0.5%、1.0%、1.5% 的再生混凝土抗压强度增幅为 6.23%、15.58%、12.75%。冻融循环 150 次后,玻璃纤维掺量为 0%、0.5%、1.0%、1.5% 的再生混凝土抗压强度分别为 28.1 MPa、30.4 MPa、34.1 MPa、33.1 MPa。以玻璃纤维体积率为 0% 作为基准,玻璃纤维掺量为 0.5%、1.0%、1.5% 的再生混凝土抗压强度增幅分别为 8.19%、21.35%、17.79%。

由图 2.14(a)可以看出,在玻璃纤维与冻融循环作用的联合影响下,再生混凝土的抗压强度仍然能够得到提高,玻璃纤维掺量的减小和增加都影响抗压强度提高的幅度。由图 2.14(b)中,在室内环境作用下,玻璃纤维体积率为 1.0% 时再生混凝土抗压强度最大,未掺玻璃纤维再生混凝土在进行 150 次循环后抗压强度最小。冻融循环使混凝土表面骨料发生破损并出现疏松、剥落,严重的甚至会导致粗骨料与胶凝材料产生分离,从而影响混凝土抗压性能。而玻璃纤维的掺入会增加再生混凝土密实性,对再生混凝土骨料之间起到连接作用,使再生混凝土受压时能够提供拉力从而提高抗压强度。玻璃纤维的掺入可以有效抑制因冻融循环作用对再生混凝土的破坏。

2.5 不同分散剂对玻璃纤维再生混凝土抗压强度的影响

2.5.1 未掺加分散剂的玻璃纤维再生混凝土

图 2.15 为未掺加分散剂的玻璃纤维再生混凝土受压破坏形态图。从图中可以看出,添加了再生粗骨料的混凝土试件表面裂缝少,破坏时表面混凝土会大块剥落;随着再生骨料替代率的增加,混凝土贯穿裂缝减少,延性降低,更加容易被破坏。

从图 2.16 可以发现,随着再生骨料含量的增加,玻璃纤维再生混凝土试件的抗压强度逐渐降低。再生骨料替代率为 0%、15%、25%、35% 时,抗压强度分别为 32.5 MPa、29.2 MPa、27.5 MPa、26.4 MPa,分别降低 10.1%、15.3% 和 18.7%。

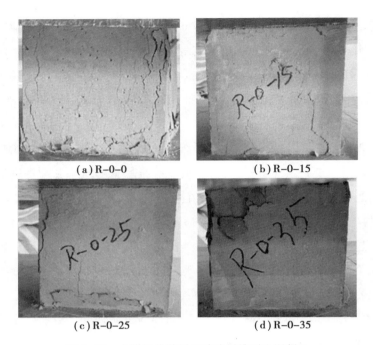

图 2.15 未掺加分散剂的玻璃纤维再生混凝土

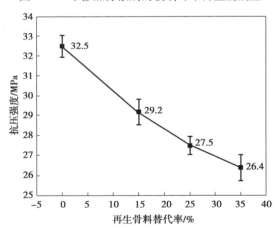

图 2.16 再生粗骨料替代率与抗压强度的关系（无分散剂）

2.5.2 分散剂 B193 对玻璃纤维再生混凝土抗压强度的影响

图 2.17 为掺加不同含量分散剂 B193 的玻璃纤维再生混凝土受压破坏形

态图。从图中可以看出,掺加了分散剂 B193 的再生混凝土试件细小裂缝多,破坏时有多条裂缝贯穿,混凝土剥落较少,试件的延性得到增强。

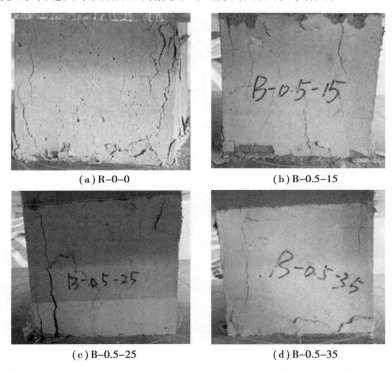

图 2.17　掺加分散剂 B193 的玻璃纤维再生混凝土

如图 2.18 所示,随着再生骨料含量的增加,玻璃纤维再生混凝土试件的抗压强度逐渐降低,降低速率呈现减缓趋势。再生骨料替代率为 0、15%、25%、35% 时,抗压强度分别为 34.1 MPa、30.4 MPa、28.8 MPa、28.2 MPa,分别降低 10.8%、15.5% 和 17.3%。

2.5.3　分散剂 S-3101B 对玻璃纤维再生混凝土抗压强度的影响

图 2.19 为掺加不同含量分散剂 S-3101B 的玻璃纤维再生混凝土受压破坏形态图。掺加了分散剂 S-3101B 的再生混凝土试件由于掺加了消泡剂,孔洞多的问题得到了很大改善,表面小孔减少。试件破坏后,混凝土成块剥落,内部粉末状得到改善。

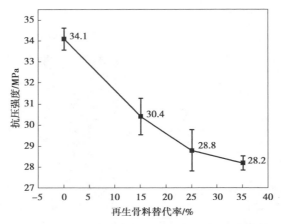

图2.18　再生粗骨料替代率与抗压强度的关系（分散剂 B193）

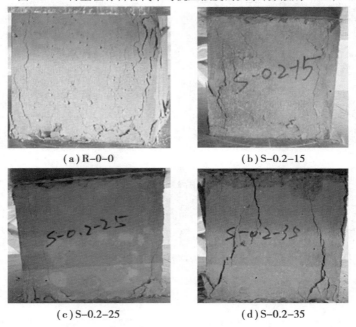

（a）R-0-0　　　　　　　　（b）S-0.2-15

（c）S-0.2-25　　　　　　　（d）S-0.2-35

图2.19　掺加分散剂 S-3101B 的玻璃纤维再生混凝土

如图2.20所示,随着再生粗骨料含量的增加,试件的抗压强度逐渐降低,但分散剂的掺加减缓了下降的趋势。再生粗骨料替代率为0、15%、25%、35%时,抗压强度分别为 32.6 MPa、29.5 MPa、28.1 MPa、27.4 MPa,分别降低 9.5%、13.8% 和 15.9% 。

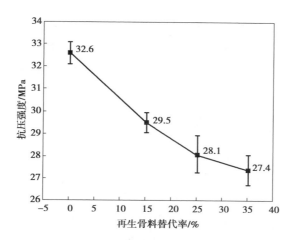

图 2.20　再生粗骨料替代率与抗压强度的关系(分散剂 S-3101B)

2.5.4　分散剂 CMC 对玻璃纤维再生混凝土抗压强度的影响

图 2.21 为掺加不同含量分散剂 CMC 的玻璃纤维再生混凝土受压破坏形态图。掺加了分散剂 CMC 的再生混凝土试件表面光滑,随着压力增大,试件上下边缘混凝土剥落,上下裂缝逐渐贯通。

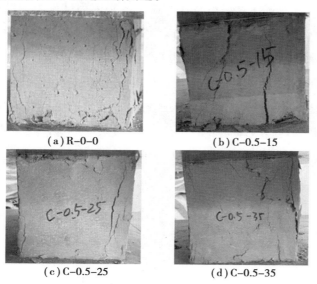

(a) R-0-0　　　　　　(b) C-0.5-15

(c) C-0.5-25　　　　　(d) C-0.5-35

图 2.21　掺加分散剂 CMC 的玻璃纤维再生混凝土

如图 2.22 所示,随着再生粗骨料含量的增加,玻璃纤维再生混凝土试件的抗压强度逐渐降低,降低速率呈现减缓趋势。再生骨料替代率为 0%、15%、25%、35% 时,抗压强度分别为 33.2 MPa、29.9 MPa、28.4 MPa、27.9 MPa,分别降低 9.9%、14.7% 和 14.4%。

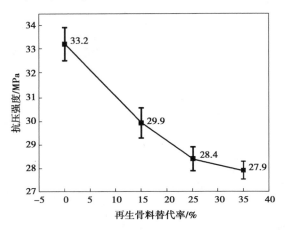

图 2.22　再生粗骨料替代率与抗压强度的关系(分散剂 CMC)

与未掺加分散剂的混凝土试件相比,掺加分散剂的试件破坏时,试件结构的完整性更好,试件破坏过程更平缓。这主要是因为试件中的纤维分散更好,纤维与水泥基体形成的空间结构更加紧密。开裂后,纤维起到连接水泥和骨料的作用,纤维承担部分拉应力,延缓裂缝的延伸。随着再生骨料替代率的增大,试件的强度、延性都降低,加入分散剂能在一定程度上改善这些问题。

如图 2.23 所示,三种分散剂对玻璃纤维再生混凝土的抗压强度有小幅提升,对于再生粗骨料替代率更高的试件,提升效果更明显。再生粗骨料替代率为 35% 时,掺加分散剂 B193、S-3101B、CMC,抗压强度分别提升 6.8%、3.7%、5.6%。

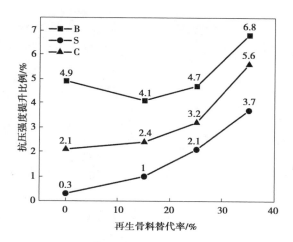

图 2.23　分散剂对玻璃纤维再生混凝土强度提升比例

2.6 长期碱性环境作用下玻璃纤维混凝土抗压强度

2.6.1 长期碱性环境下玻璃纤维混凝土受压破坏特征分析

碱性环境作用 450 d 后,不同掺量(0%、0.5%、1.0%、1.5%)的玻璃纤维混凝土受压破坏特征如图 2.24 所示。

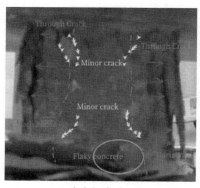

（a）A-G-0

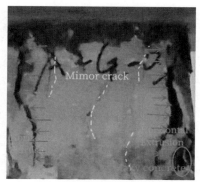

（b）A-G-0.5

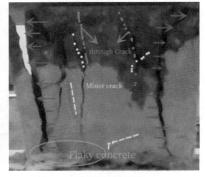

（c）A-G-1.0　　　　　　　　　　（d）A-G-1.5

图 2.24　不同掺量的玻璃纤维混凝土破坏形态

从图 2.24 可以看出，无玻璃纤维掺入以及玻璃纤维掺量分别为 0.5%、1.0%、1.5% 的混凝土，均由于水平挤压导致混凝土左右两边出现相同现象（即有较宽裂缝与片状混凝土掉落），可以看出这是混凝土遭受压力破坏时的一个共有特点。

从图 2.24 可以看出，无玻璃纤维掺入以及玻璃纤维掺量分别为 0.5%、1.0%、1.5% 的混凝土均有细微裂缝产生，但有玻璃纤维掺入的混凝土相较于无玻璃纤维掺入的混凝土裂缝数量相对较少，玻璃纤维掺量为 1.0% 的混凝土可以明显看出其细微裂缝明显较小且仅有一条，玻璃纤维掺量为 0.5% 和 1.5% 的混凝土细微裂缝均有四条。

从图 2.24 可以看出，无玻璃纤维掺入以及玻璃纤维掺量分别为 0.5%、1.0%、1.5% 的混凝土均有片状混凝土掉落的现象，但玻璃纤维掺量为 0.5%、1.0%、1.5% 的混凝土相较于无玻璃纤维掺入的混凝土，片状混凝土的掉落量与掉落体积都比无玻璃纤维掺入的混凝土相对较少。

从图 2.24 可以看出，无玻璃纤维掺入的混凝土以及玻璃纤维掺入量为 1.5% 的混凝土均有贯穿裂缝的产生，而玻璃纤维掺量为 0.5%、1.0% 的玻璃纤维混凝土无明显贯穿裂缝产生。

从图 2.25 可以看出，有无玻璃纤维掺入的混凝土均产生了套箍现象，符合混凝土受压破坏的规律。

由上述现象可知，玻璃纤维的掺入可以明显改善混凝土的破坏，其原因是当混凝土受到压力破坏时,玻璃纤维不仅使混凝土各基体间黏结作用增强,而且也承担了部分拉应力,使混凝土的塑性增强,进而增强了混凝土的抗压性能。

图 2.25　混凝土套箍图

2.6.2　长期碱性环境下玻璃纤维混凝土抗压强度分析

玻璃纤维混凝土在碱性环境与自然环境作用下的立方体抗压强度如图 2.26 所示。没有进行碱性环境作用时,玻璃纤维掺量为 0%、0.5%、1.0%、1.5%的混凝土抗压强度依次为 36.1 MPa、39.4 MPa、43.4 MPa、41.6 MPa,以没有掺入玻璃纤维的混凝土为基准组,玻璃纤维掺量分别为 0.5%、1.0%、1.5%的玻璃纤维混凝土分别提高了 9.14%、20.22%、15.23%。而将玻璃纤维混凝土置于碱性环境作用下 450 d 后,玻璃纤维掺量为 0%、0.5%、1.0%、1.5%的混凝土抗压强度依次为 28.1 MPa、31.8 MPa、34.6 MPa、33.2 MPa。以没有掺入玻璃纤维的混凝土为基准,玻璃纤维掺量分别为 0.5%、1.0%、1.5%

的玻璃纤维混凝土分别提高了 13.16%、23.13%、18.14%。碱性环境作用 450 d 后,相比于自然环境作用 450 d 后的混凝土,其抗压强度分别降低了 22.16%、19.28%、20.73%、20.19%。

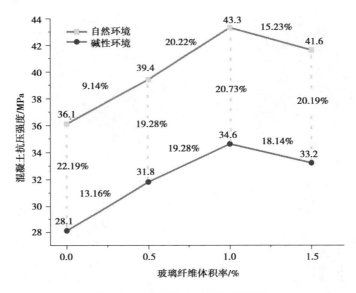

图 2.26　混凝土立方体抗压强度

　　试验结果表明,玻璃纤维能够明显提升混凝土的抗压性能。主要原因:分布于混凝土中的玻璃纤维能够起到一定的黏结作用,提高了混凝土的密实性且分布的玻璃纤维能够起到一定的抗压作用。但是由于碱性环境中氢氧根离子的存在,使玻璃纤维与混凝土之间存在细微的空隙,降低了分布于混凝土中的玻璃纤维所起到的黏结作用,从而使玻璃纤维混凝土抗压强度降低。

2.7　本章小结

　　本章对蒸汽养护、特殊环境作用(碱性、干湿循环、冻融循环)、掺入不同分散剂(B193、S-3101B、CMC)的玻璃纤维再生混凝土和长期碱性环境下的玻璃纤维混凝土的抗压性能进行试验研究,通过试件抗压强度探究蒸汽养护下及特殊环境作用下玻璃纤维再生混凝土抗压性能和长期碱性环境下玻璃纤维混凝土抗压性能的变化规律及分散剂对水泥基体中玻璃纤维分散性的影响。主要结论如下：

（1）通过抗压试验得出，玻璃纤维体积率为 0.5%、1.0%、1.5% 的 K-BRC 相比于 K-RC 抗压强度提高 2.32%、7.79%、4.21%。玻璃纤维掺量为 1.0% 时为最优，抗压强度提高 7.79%，玻璃纤维对提高再生混凝土抗压强度贡献不大；在试验过程中，玻璃纤维再生混凝土试件的混凝土剥落更少，破坏时试件保持较为完整的状态，加入玻璃纤维均能改善再生混凝土的脆性。

（2）碱性作用 90 d 后，玻璃纤维掺量为 0.5%、1.0%、1.5% 的再生混凝土抗压强度比未掺玻璃纤维时分别提高了 5.36%、14.54%、9.95%。干湿循环 60 次后，玻璃纤维掺量为 0.5%、1.0%、1.5% 的再生混凝土抗压强度比未掺玻璃纤维时分别提高了 9.27%、19.30%、14.79%。冻融循环 150 次后，玻璃纤维掺量为 0.5%、1.0%、1.5% 的再生混凝土抗压强度比未掺玻璃纤维时分别提高了 8.19%、21.35%、17.79%。特殊环境作用下，玻璃纤维的掺入可以有效提高再生混凝土抗压强度，且在体积率为 1.0% 时增幅最大。随着玻璃纤维掺量的继续增加，玻璃纤维因掺量过多而不易分散，纤维成团导致玻璃纤维对再生混凝土抗压强度的增幅有所减小。

（3）三种分散剂对玻璃纤维再生混凝土的抗压强度有小幅提升作用，对于再生粗骨料替代率更高的试件，提升效果更明显。分散剂 B193 和分散剂 CMC 对玻璃纤维混凝土的抗压强度影响较小。而分散剂 S-3101B 加入水泥基体中会生成气体，导致构件硬化成型后的内部孔洞较多，抗压强度降低幅度达 38.5%。根据破坏形态和强度变化分析，掺加分散剂的玻璃纤维混凝土试块，破坏过程中试件表面裂缝更多，有很多细小的裂缝，延性比未掺加分散剂的试件更好；掺加分散剂改善了水泥基体中玻璃纤维的分散性，从而对试件强度有小幅提升，玻璃纤维再生混凝土的延性也得到增强。

（4）未进行碱性环境作用的混凝土试件，当其玻璃纤维掺量为 0.5%、1.0%、1.5% 时，混凝土的抗压强度与未掺纤维的试件相比分别提高了 4.43%、9.68% 和 5.81%。碱性环境作用 450 d 后，玻璃纤维掺量为 0.5%、1.0%、1.5% 的混凝土抗压强度分别提高了 2.78%、7.2% 和 5.56%。在碱性环境侵蚀作用下,玻璃纤维的掺入可以在一定程度上提高混凝土抗压强度,并在掺量为1.0%时效果最佳;玻璃纤维在混凝土内部起到一定的阻裂作用,提高了混凝土的密实性,宏观上表现为抗压强度小幅度提升;在破坏形态中,试件的破坏程度和碎石脱落情况与纤维掺量相关,但在碱性环境作用450 d后,由于碱性环境的侵蚀,试块破坏程度差异不明显,当纤维掺量为1.0%和1.5%时,试件的破坏程度和破坏时刻有所延缓。

第3章　玻璃纤维再生混凝土微观结构分析

3.1　引　言

　　玻璃纤维再生混凝土主要由水泥、石、砂、玻璃纤维等材料组成,其内部微观结构对研究玻璃纤维的分散情况有重要意义。混凝土微观结构与混凝土的宏观力学性能具有相关性。本章采用扫描电镜对玻璃纤维混凝土和玻璃纤维再生混凝土试件样本进行微观扫描,主要观测混凝土内部的纤维分布、裂缝等,从微观角度揭示蒸汽养护、特殊环境作用(碱性、干湿循环、冻融循环)、不同分散剂(B193、S-3101B、CMC)下玻璃纤维对再生混凝土微观结构的影响。

3.2　蒸汽养护玻璃纤维再生混凝土微观结构

　　图3.1为蒸汽养护玻璃纤维再生混凝土 SEM 微观结构图,其放大倍数为与各纤维体积相适应的最佳倍数。如图3.1所示,纤维表面均有混凝土覆集,且混凝土与纤维接触面的裂缝及孔隙很小,接触面结合度较高,纤维与混凝土之间有一定黏结性。图3.1(a)中玻璃纤维在水泥基体中形成空间网络结构,起到"承托"骨料的作用,纤维承担了部分应力,可提高混凝土整体的结构性能,限制混凝土中微小裂缝的发展。另一方面,加入纤维能够打乱混凝土内部裂缝结构,能够作为骨架连接骨料与混凝土浆体,从而抑制微裂缝的开展。因此,加入纤维可提高再生混凝土的密实性,抑制裂缝及孔隙的开展。

（a）6 000 ×　　　　　　　　　　（b）800 ×

图 3.1　蒸汽养护玻璃纤维再生混凝土微观结构

3.3　特殊环境下纤维再生混凝土微观结构

3.3.1　碱性环境作用下玻璃纤维再生混凝土微观结构分析

　　本研究通过对碱性环境作用后的玻璃纤维再生混凝土取样进行扫描电子显微镜（SEM）试验，分析其微观结构变化。图 3.2 为碱性环境下不同玻璃纤维体积率再生混凝土放大至最佳倍数时的微观结构图。

（a）玻璃纤维体积率0%(1 600 ×)　　　　　（b）玻璃纤维体积率0.5%(800 ×)

　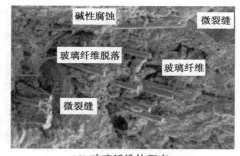

（c）玻璃纤维体积率1.0%(400×)　　　　　　　（d）玻璃纤维体积率1.5%

图3.2　碱性环境下玻璃纤维再生混凝土微观结构

如图3.2（a）所示，再生混凝土在碱性环境作用后，内部结构产生大面积微小空隙和微裂缝，这也说明碱性环境对再生混凝土具有侵蚀溶解作用，会增大再生混凝土孔隙率，减小其密实性；图3.2（b）中玻璃纤维含量较少；图3.2（c）中玻璃纤维均匀分布在再生混凝土中；图3.2（d）中玻璃纤维出现集中成团现象。不同玻璃纤维体积率的再生混凝土内部结构均存在因碱性环境产生的微小空隙，玻璃纤维体积率为1.0%和1.5%时微裂缝数量较少。玻璃纤维穿过孔洞、跨越裂缝对再生混凝土起到填充及连接作用，提高了再生混凝土密实性。玻璃纤维体积率为0.5%时，因玻璃纤维含量少，不能有效抑制微裂缝的发展，产生数量较多的微裂缝。说明玻璃纤维体积率为1.0%时掺量最佳，在再生混凝土中可以均匀分布；当体积率提高至1.5%时，说明掺量过多，在再生混凝土中不易分散。在玻璃纤维再生混凝土微观结构图中，存在玻璃纤维脱落的现象。分析其原因有以下三点：一是玻璃纤维与再生混凝土有黏结性，玻璃纤维与主试件黏结性更强，在取样时黏结在主试件上，所以在试件上出现玻璃纤维脱落的痕迹；二是碱性环境对再生混凝土胶凝材料有溶解作用，胶凝材料的溶解减弱了玻璃纤维与再生混凝土的黏结力，从而使得玻璃纤维脱落；三是碱性环境对玻璃纤维有腐蚀作用。

3.3.2　干湿循环作用下玻璃纤维再生混凝土微观结构分析

本研究通过对干湿循环作用后的玻璃纤维再生混凝土取样进行扫描电子显微镜（SEM）试验，分析其微观结构变化。图3.3为干湿循环前后再生混凝土及玻璃纤维再生混凝土放大至最佳倍数时的微观结构图。

(a) 干湿循环前再生混凝土(800×)   (b) 干湿循环后再生混凝土(6 000×)

(c) 干湿循环前素玻璃纤维混凝土(6 000×)   (d) 干湿循环后素玻璃纤维混凝土(6 000×)

图 3.3 干湿循环下玻璃纤维再生混凝土微观结构

对比图 3.3 中(a)和(b)、(c)和(d)可以发现:未经过干湿循环作用的再生混凝土内部微观结构表面平整,密实性好,仅存在少量微裂缝,而再生混凝土经干湿循环作用后看起来很"松散",内部产生空隙,密度性差。干湿循环前玻璃纤维再生混凝土表面平整,仅存在少许微裂缝;玻璃纤维与再生混凝土间无空隙,黏结性好。经干湿循环作用后,玻璃纤维与混凝土黏结处存在明显空隙。其原因为:再生混凝土在干湿循环作用过程中,干燥时混凝土收缩,湿润时混凝土吸水膨胀,在多次循环后再生混凝土内部受损,使得密实性变差;而在再生混凝土中掺入玻璃纤维,玻璃纤维在再生混凝土中呈立体三维结构分布,能够提高再生混凝土的密实度,从而减小干湿循环对再生混凝土内部结构的破坏。

3.3.3 冻融循环作用下玻璃纤维再生混凝土微观结构分析

本研究通过对冻融循环作用后的玻璃纤维再生混凝土取样进行扫描电子

显微镜(SEM)试验,分析其微观结构变化。图 3.4 为冻融循环作用前后玻璃纤维再生混凝土放大至最佳倍数时的微观结构图。

(a)冻融循环前(1 600×)　　　　　　(b)冻融循环后(1 600×)

(c)冻融循环前(6 000×)　　　　　　(d)冻融循环后(6 000×)

图 3.4　冻融循环下玻璃纤维再生混凝土微观结构

对比图 3.4 中冻融循环前后玻璃纤维再生混凝土微观结构发现:未经冻融循环作用的玻璃纤维再生混凝土在 1 600 倍放大时,玻璃纤维与再生混凝土间黏结性好,无空隙;放大至 6 000 倍时仅出现少许细小空隙。经冻融循环作用后,玻璃纤维与再生混凝土之间的黏结性变差,玻璃纤维与再生混凝土之间像失去了握裹力,存在明显空隙。其原因为:冻融循环为冻结和融化作用的交替发生,冻结过程中,随着温度的降低,玻璃纤维再生混凝土孔隙结构内部水分开始冻结膨胀,体积膨胀产生膨胀压力作用于试件内部结构;融化过程中,随着温度的升高,玻璃再生混凝土孔隙结构内部水分融化,水分体积减小,膨胀压力也随之减小。经多次循环后再生混凝土内部受损,使得密实性变差。

3.4 分散剂对纤维再生混凝土微观结构的影响

3.4.1 掺加分散剂对玻璃纤维再生混凝土微观结构的影响

图 3.5 为玻璃纤维再生混凝土试样的微观形貌图。图 3.5(a) 为未掺加分散剂的玻璃纤维再生混凝土,其内部分布着钙矾石和大量的 $Ca(OH)_2$ 晶体;图 3.5(b) 为掺加分散剂 B193 的试件样品,从图中可以看到混凝土内部主要存在板块状的 C-S-H 凝胶,板块状结晶体层之间的空隙较大,纤维表面被包裹;图 3.5(c) 为掺加分散剂 S-3101B 的试样,混凝土中含有大量的水化产物 C-S-H 凝胶,少量 $Ca(OH)_2$ 晶体和钙矾石;图 3.5(d) 为掺加分散剂 CMC 的试样,混凝土水化产物钙矾石较多,且分散于凝胶板块之间。掺加不同的分散剂,混凝土内部的产物基本未发生变化,产物的比例有所变化,掺加分散剂 S-3101B 的玻璃纤维再生混凝土内部 C-S-H 凝胶较多,掺加分散剂 CMC 的玻璃纤维再生混凝土内部钙矾石较多;掺加分散剂能促进水泥的水化,水化产物分布更均匀,微观结构更紧密。

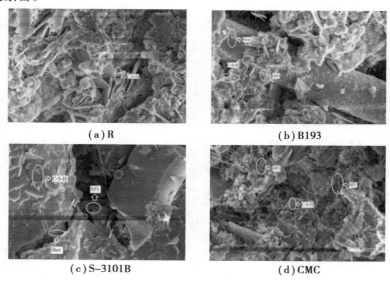

(a) R   (b) B193

(c) S-3101B   (d) CMC

图 3.5 玻璃纤维再生混凝土微观结构图

3.4.2　玻璃纤维表面能谱分析

为进一步判断掺加分散剂后,纤维表面的官能团特征,本研究对未掺加和掺加了分散剂的玻璃纤维进行表面成分分析,分析结果见表5.1。根据玻璃纤维的表面成分对比可以看出:四者之间的元素含量差别主要在 O 元素、Si 元素和 Ca 元素。掺加分散剂 B193 和分散剂 S-3101B 的玻璃纤维中 O 元素和 Si 元素所占比例比较高,可推断掺加两种分散剂的玻璃纤维表面可能含 OH 和 Si—O;掺加 CMC 的玻璃纤维表面含 O 元素比较高,但 Si 元素较少,可推断掺分散剂 CMC 的玻璃纤维表面可能含 O。掺分散剂 B193 和分散剂 CMC 后,以弱氢键力吸附于纤维表面,相当于在纤维表面附着一层薄薄的润滑膜,当纤维之间发生接触、相对运动时,起到保护性胶体的作用,可有效削弱纤维之间的成团现象。

表 3.1　玻璃纤维表面成分质量比(%)

元素	不掺分散剂	掺 B193	掺 S-3101B	掺 CMC
O	44.95	35.98	38.13	49.23
Na	7.64	8.41	9.18	3.97
Mg	2.26	2.21	2.33	1.78
Al	3.31	9.14	3.62	6.12
Si	32.70	36.85	36.07	15.43
Ca	9.14	7.41	10.67	23.47
总量	100.00	100.00	100.00	100.00

3.4.3　分散剂分散机理

本研究所用分散剂 B193 和分散剂 S-3101B 为非离子型分散剂,通过它们所带的亲水基团与氧生成氢键吸附在玻璃纤维上,单独的氢键吸附力较弱,但是在聚合物中存在大量可生成氢键的链段。

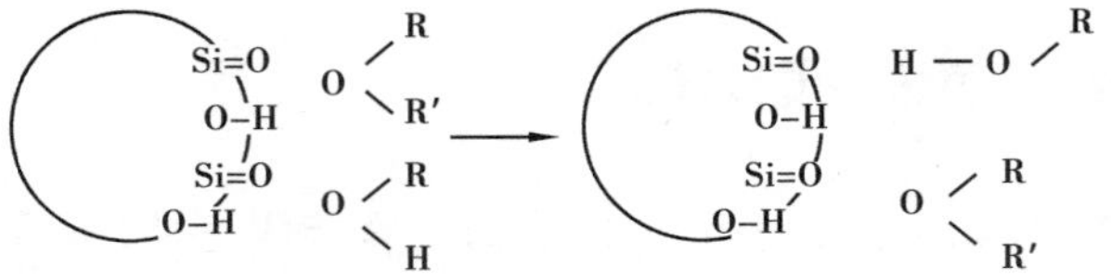

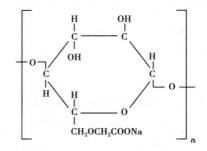

图 3.6　氢键吸附过程

分散剂 CMC 为阴离子型分散剂,其结构图如 3.7 所示。它在水中会电离亲水基,可以吸附在纤维的表面,同时可以与纤维表面形成氢键,增强吸附力,可以湿润玻璃纤维。CMC 溶液具有黏性,可以在玻璃纤维表面形成一层薄膜,使其可以在水泥基体中分散得更加均匀。

图 3.7　分散剂 CMC 的结构单元

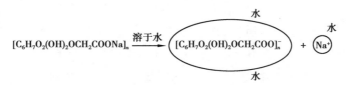

图 3.8　CMC 离子化过程

当混凝土基体承受外部荷载时,水泥和骨料等黏结处容易出现应力集中,使裂缝逐渐展开,试件开始破坏。在混凝土中掺入纤维,纤维可起到连接作用,承接水泥、骨料形成的空间结构,能起到阻裂的效果。

分散剂 B193 掺入混凝土时,玻璃纤维分散情况最好,所以混凝土抗压强度也比较高,但是当分散剂掺量过高时,可能影响了纤维的分散,使得混凝土强度下降。从断面 SEM 图可以看出,混凝土内部结构比较密实,纤维分散均匀;S-3101B 的掺入使得混凝土内部空洞变大,同时纤维的分散情况得到改善,所以其抗折抗压强度也不是很高。CMC 的掺量合适时，其强度也比较高，这说明 CMC 与玻璃纤维复掺时，对混凝土影响的主要因素是 CMC，它的加入不仅改变了内部结构，同时也增加了内部分子间的粘聚力。

3.5　长期碱性环境下玻璃纤维混凝土表面特征变化和微观结构分析

3.5.1　长期碱性环境下玻璃纤维混凝土表面破坏现象

混凝土在碱性环境下作用 450 d 后，不同玻璃纤维掺量的混凝土立方体试件表面形态如图 3.9 所示。图 3.9（a）所示为未掺玻璃纤维的混凝土，可以看出其表面破坏最为严重，原因是其表面的凝胶材料被碱性环境中的氢氧根离子溶解腐蚀，且可以看出表面出现许多细小的孔洞，严重的地方出现区域性白斑。图 3.9（b）（c）（d）所示分别为玻璃纤维掺量为 0.5%、1.0%、1.5% 的玻璃纤维混凝土，可以看出它们表面的损伤程度相比于（a）来说相对较轻。从图 3.9 中可以看出（b）表面仍有少量细小孔洞，但相对于（a）来说较少，表面由于受碱性环境的侵蚀，中下底部出现少量粗化现象。从图 3.9（c）可以看出其表面相对较为完整，无明显孔洞。从图 3.9（d）可以看出表面仅中下部有少许粗化现象，总体来说表面较为完整。

从玻璃纤维混凝土表观现象分析来看，碱性环境会使混凝土表面的胶凝物质溶解腐蚀，产生许多细小的孔洞，严重时会出现区域性白斑。玻璃纤维的掺入可以有效地改善碱性环境对混凝土影响，分析其原因是玻璃纤维与骨料之间有一定的黏性，可起到一定的桥接作用，从而有效地抑制碱性环境对混凝土的影响。从图中可以看出，混凝土在碱性环境下作用 450 d 后，玻璃纤维掺量最佳掺量为 1.0%。

（a）A–G–0　　　　　　　　　　（b）A–G–0.5

（c）A–G–1.0　　　　　　　　　　（d）A–G–1.5

图 3.9　碱性环境作用 450 天试件表面破坏现象

3.5.2　长期碱性环境下玻璃纤维混凝土微观形态分析

图 3.10 至图 3.13 均为碱性环境下浸泡 450 d 后进行 SEM 电镜扫描试验生成的微观形态图。未受碱性环境作用的微观形态图由文献[33]可知，各物质与材料之间的黏结性能较好且水泥浆体、骨料颗粒、水化产物之间的整体性较好，微观结构层次清晰。

图 3.10 为碱性环境作用 450 d 后未掺玻璃纤维的混凝土微观形态结构图。图 3.10（a）为放大 500 倍的微观结构形态图，可以明显看出孔洞以及微裂缝的存在，且存在较大面积的细小孔洞。孔洞的形成是由于混凝土在搅拌的过程中未搅拌均匀导致其混凝土之间的间隙没有被完全填充。微裂缝形成的原因较多，一方面是由于浆体与骨料之间的结合区域所导致，另一方面是由于混凝土

硬化收缩所导致。图 3.10(b)为放大 3 000 倍后的微观结构形态图,可以明显看到微裂缝的存在,且可以明显看出钙矾石以及 C-S-H 凝胶物的存在,这是由于混凝土内部的水化作用,而碱性环境中的 Ca(OH)₂与粉煤灰中的主要成分 SiO₂、Al₂O₃会发生反应导致粉煤灰表面出现明显的刻蚀,且粉煤灰颗粒表面也会出现碱刻蚀现象、结构致密层、疏松的沉积层以及粉煤灰表面形成钙矾石。图 3.10(c)为碱性环境下放大 8 000 倍的微观结构形态图,可以看到微裂缝的形成、片状 CH 晶体以及碱性环境中 Ca(OH)₂与混凝土反应所出现的较大面积碱刻蚀现象。

(a) 500×

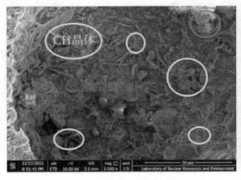

(b) 3 000×

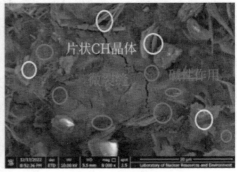

(c) 8 000×

图 3.10　碱性环境下无玻璃纤维的混凝土内微观形态

图 3.11 为碱性环境作用 450 d 后玻璃纤维掺量为 0.5% 的混凝土微观形态结构图。图 3.11(a)所示为放大 500 倍的微观结构形态图,可以明显看到玻璃

纤维在试样表面的分布情况,玻璃纤维的加入可以有效地提高各基体材料之间的黏结性。玻璃纤维与水泥浆体之间相互黏结并且部分玻璃纤维嵌入水泥基体中,这说明玻璃纤维的加入能有效地改善在混凝土浇筑阶段各材料之间的机械咬合力,使材料之间发生的各类反应更为彻底,且混凝土表面的微裂缝以及孔洞数量少。由3.11(a)、(b)、(c)可以分别看出经过碱性环境作用之后的玻璃纤维混凝土会出现微裂缝,以及混凝土内部水化产物钙矾石和C-S-H凝胶腐蚀造成的碱刻蚀现象。

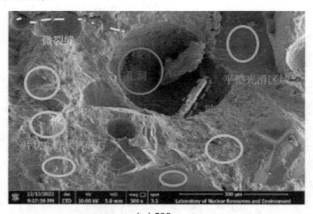

(a) 500×

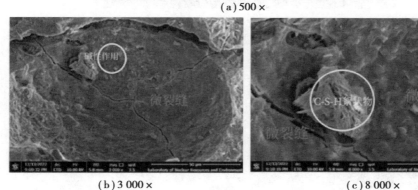

(b) 3 000 ×   (c) 8 000 ×

图 3.11　碱性环境下玻璃纤维掺量 0.5% 的混凝土内微观形态

图 3.12 为碱性环境作用 450 d 后玻璃纤维掺量为 1.0% 的混凝土微观形态结构图。图 3.12(a) 所示为放大 500 倍的微观结构形态图,可以明显看到玻璃纤维在试样表面的分布情况,玻璃纤维明显地连接了水泥基体与各基体材料,

图中出现了平整光滑的区域、微裂缝、细小孔洞、碱性刻蚀现象。由图 3.12
(a)、(b)、(c)可以分别看出明显的微裂缝、碱性刻蚀现象和由水化作用形成的
钙矾石晶体。

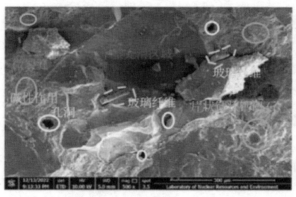

(a) 500×

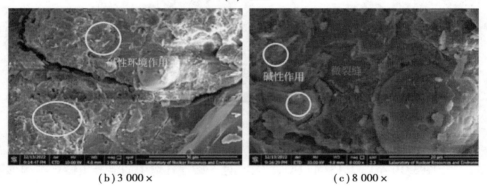

(b) 3 000×　　　　　　　　　　　　　　(c) 8 000×

图 3.12　碱性环境下玻璃纤维掺量 1.0% 的混凝土内微观形态

　　图 3.13 为碱性环境作用 450 d 后玻璃纤维掺量为 1.5% 的混凝土微观形态
结构图。图 3.13(a)所示为放大 500 倍的微观结构形态图,可以明显看到玻璃
纤维在试样表面分布集中,且玻璃纤维周围存在明显的间隙以及碱性环境作用
所形成的碱刻蚀现象。由图 3.13(a)、(b)、(c)可以分别明显看出微裂缝的存
在和玻璃纤维掺入水泥基体,以及水化作用所产生的 C-S-H 絮状物和钙矾石
晶体。

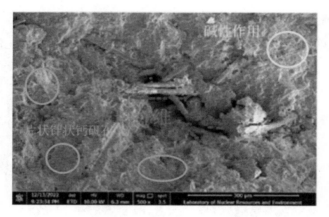

（a）500×

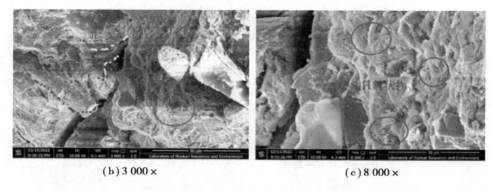

（b）3 000×　　　　　　　　　　（c）8 000×

图 3.13　碱性环境下玻璃纤维掺量 1.5% 的混凝土内微观形态

　　由图 3.10 至图 3.13 可以明显看出：处于碱性环境中的混凝土微观结构形态的表面均有微裂缝、细小孔洞产生，混凝土与碱性环境中各类物质不仅发生水化反应生成了 C-S-H 絮状物以及钙矾石，而且碱性环境中的 $Ca(OH)_2$ 与粉煤灰中的 SiO_2、Al_2O_3 均发生了碱性作用。图 3.10 与图 3.11、图 3.12、图 3.13 相比，图 3.11 为玻璃纤维掺量 0.5% 的微观结构形态图，较图 3.10 而言，其表面玻璃纤维的出现能明显改善混凝土浇筑过程中所出现的问题，说明玻璃纤维的加入可在一定程度上提高混凝土搅拌过程中的拌合度，使其水化反应程度更为彻底。图 3.12 较图 3.10 而言，说明玻璃纤维的加入在混凝土的内部结构中起到了阻裂作用，抑制了原始微裂缝的形成，从而提高了其内部各相基体材料之间的机械咬合力等，在此基础上，玻璃纤维的存在也分担了部分混凝土内部应力,在受到外部荷载时,其内部会产生较大的拉应力,由于玻璃纤维较好的抗拉性能,一定程度上提高了试件的极限承载力,宏观上则表现为抗压水平方向上挤压变形程度的降低和抗压强度的局部提高。图 3.13 较图 3.10 与图 3.11 而言,其内部水化程度更为彻底,水化产物主要以 C-S-H 的絮状物形式存在。在絮状物中分散着少部分针状钙矾石和片状 $Ca(OH)_2$ 晶体,而相较于玻璃纤维掺量 1.0% 的玻璃纤维混凝土(图 3.12)而言,可能是由于玻璃纤维掺量过多,导致混凝土内部发生水化作用不够彻底,部分玻璃纤维存在成团现象。由于玻璃纤维的自身原因,当掺量超过 1.0% 后对混凝土的改善效果出现下降,但是相比于未掺纤维和纤维掺量为 0.5% 时效果更好。

3.6　本章小结

本章主要研究了蒸汽养护、特殊环境作用(碱性、干湿循环、冻融循环)、不同分散剂(B193、S-3101B、CMC)下玻璃纤维再生混凝土的微观结构。主要结论如下:

(1)通过微观试验发现掺入纤维可填充混凝土内部孔隙,能打断再生混凝土内部裂缝结构,抑制裂缝展开,作为骨架连接骨料与混凝土浆体,增强再生混凝土内部密实度,从而提高蒸养再生混凝土密实性。

(2)从内部微观分析看出碱性环境对再生混凝土胶凝材料具有侵蚀溶解作用,破坏试件内部微观结构。干湿循环加强了混凝土内部毛细作用,加速了液体水在混凝土内部的流动,从而使混凝土内部密实性变差。冻融循环作用使再生混凝土表面骨料发生破损并出现疏松、剥落,且随着冻融次数的增加,情况逐渐加重,粗骨料与胶凝材料产生分离,从而造成再生混凝土试件质量损失。将玻璃纤维掺入再生混凝土中,玻璃纤维和再生混凝土之间有一定的黏性,对骨料与胶凝材料之间起到桥接的作用,玻璃纤维穿过孔洞、跨越裂缝,对再生混凝土起到填充及连接作用。

(3)掺入分散剂 B193 和分散剂 CMC 能改善纤维的分散性,能让玻璃纤维在混凝土内部形成更加均匀的空间网络结构。掺入分散剂 S-3101B 的纤维混凝土因分散剂与混凝土内部成分发生反应生成气体,导致混凝土内部生成了大量的孔洞。未掺加分散剂的再生混凝土的骨料与水泥石界面会附着一些形状不规则、大小不一的颗粒。掺加分散剂后,再生混凝土试样骨料与水泥石界面之间的连接因为纤维均匀分布而更加紧密,水泥石与骨料之间的孔隙明显减少,水化产物比较密实,骨料与水泥石之间的黏结较好。

(4)没有掺入玻璃纤维的混凝土其微观结构较为松散多孔、有较多的界面过渡区,水化产物主要为 $Ca(OH)_2$ 和 C—S—H;加入玻璃纤维后,内部结构更为密实,水化反应更为彻底,玻璃纤维在内部起到了较好的"桥接"作用并提供了一定的纤维材料抵抗力,对混凝土的力学性能和耐久性能的提高有一定促进效果。

第4章 玻璃纤维再生混凝土抗渗性能研究

4.1 引 言

混凝土是由水泥、水、骨料等经过拌和固化而成。从材料性质上来讲,混凝土是一种多相复合非均质材料;从微观上讲,混凝土是多孔结构的复合材料,其内部及表面存在许多毛细孔。纤维混凝土中纤维分布于水泥和骨料之间,纤维分布情况对混凝土的抗渗性能影响很大,因此应研究纤维混凝土的渗水高度和孔隙率,表征玻璃纤维再生混凝土抗渗性能。

4.2 混凝土的渗透性

混凝土的渗透性是指气体、液体或者离子受压力、化学势或者电场作用力下,在混凝土中渗透、扩散或者迁徙的能力。混凝土的耐久性包括混凝土的抗渗性、抗冻性、抗腐蚀等。混凝土抗渗性能好,除了可以提升自身的耐久性外,还能保护混凝土内部的钢筋,减缓钢筋受腐蚀的速度。

混凝土作为一种多介质的多相材料,内部存在很多微裂缝和孔道,从微观上看就是多孔结构。玻璃纤维的掺入,若纤维能均匀分布在水泥基体中,则能改善水泥和粗细骨料之间的黏结,减少孔隙和孔隙连通,从而减缓外部水或者其他物质的渗透。

混凝土的渗透性影响着混凝土的耐久性能。混凝土的渗透性差,内部孔隙容易贯通,混凝土外部受压,水分以及其他有害物质容易进入混凝土内部,从而降低混凝土的耐久性能。玻璃纤维对再生混凝土抗渗性能的影响很大,因此本章主要研究玻璃纤维再生混凝土的渗水高度来表征蒸汽养护、特殊环境作用(碱性、干湿循环、冻融循环)、不同分散剂(B193、S-3101B、CMC)下玻璃纤维再生混凝土抗渗性能。

4.3 混凝土渗透性检测方法

4.3.1 液体渗透法

液体渗透法包括渗水高度法、渗水标号法(逐级加压法)和渗透系数法。这三种方法的本质相同,都是根据流体力学中的 Darcy 定律建立起来的。

其使用条件包括:

(1)水是可以流动(层流)的,但不应该存在湍流现象;

(2)材料是基本均匀的;

(3)温度是恒定的。

当水在混凝土中的传输过程不能满足流动(层流)这个条件,那么液体渗透法不再适用,也就是说,当混凝土的孔隙率(包括裂缝)过大或者过小时,液体渗透法不再适用。

1)渗水高度法

试件采用规格为 175 mm×185 mm×150 mm 的圆台形试件或直径与高均为 150 mm 的圆形试件,一组 6 个,一次加压至 1.2 MPa,恒压 24 h 后劈开,以 10 个测点处渗水高度的算术平均值作为该试件的渗水高度。然后计算 6 个试件的渗水高度的算术平均值,作为该组试件的平均渗水高度。根据试验所得渗水高度的大小,相对比较混凝土的密实性。渗水高度法适用于抗渗能力较高的混凝土。

2）抗渗标号法（逐级加压法）

抗渗标号法试件采用规格为 175 mm×185 mm×150 mm 的圆台形试件或直径与高均为 150 mm 的圆柱形试件，一组 6 个，从试件底部施加 0.1 MPa 水压开始试验，每隔 8 h 增加水压 0.1 MPa，直至 6 个试件中，发现 3 个试件有渗水现象时，以此时的最大水压计算混凝土的抗渗标号。其抗渗标号按式（4.1）计算：

$$P = 10H - 1 \tag{4.1}$$

式中　P——混凝土抗渗标号；

　　　H——第三个试件顶面开始有渗水时的水压，MPa。

抗渗标号法的优点是简便、直观。抗渗标号法比较适用于强度等级在 C30 以下的混凝土，对于强度等级在 C30 以上的混凝土，这个方法不再适用。

3）渗透系数法

渗透系数法反映了混凝土吸收的水和渗透的水，通过渗水量及时间计算渗透系数，以一组 6 个试件渗透系数的算术平均值作为渗透系数的试验结果，相对渗透系数按式子（4.2）计算：

$$K_q = \frac{Q^2}{2aTHA^2} \tag{4.2}$$

式中　K_q——相对渗透系数，mm/h；

　　　Q——渗水量，mm^3；

　　　A——被测试件水施压面积，mm^2；

　　　H——水压力，以水柱高度表示，mm；

　　　T——恒压经过时间，h；

　　　a——混凝土吸水率，%。

抗渗标号法（逐级加压法）适用于渗透性较低的混凝土，渗透系数法和渗透高度法适用于渗透性较高的混凝土。渗透系数法和渗水高度法本质上是一样的，因为渗透系数法是利用渗水高度计算而来的。

4.3.2　气体渗透法

用气体替代水作为渗透介质，可以避免水对混凝土的不利影响，利于渗透过程达到稳定状态,从而测出较精确的混凝土渗透性能。混凝土气体渗透性的测试方法依据混凝土试件两侧的气压差的不同主要分为两类:稳定压差法和变化压差法。

稳定压差法给试件两侧施加稳定的气压差,测定一定时间内气体的渗透量或者渗透一定气体所需的时间,从而计算出气体的渗透速率,进一步转换为混凝土的渗透系数,从而得到混凝土的渗透指标。其中的 Cembureau 法使用轮胎式密封结构,密封效果良好,所以测试精度高,但是试验操作烦琐复杂。

《水工混凝土试验规程》提出了一种变化压差法测试混凝土渗透性,其基本原理是:在混凝土试件的一侧抽真空,一侧通空气,以空气作为渗透介质,空气在两侧压力差的作用下发生渗透,随着空气渗透,两侧的压力差发生变化,测定出真空侧压力由 0.056 MPa 下降到 0.050 MPa 的时间,从而计算出混凝土的渗透系数。

4.3.3 电测法

特殊环境中的建筑物经常受到有害离子的侵蚀,尤其是氯离子容易引起钢筋锈蚀,从而对混凝土结构造成损伤,从这个角度可以发现混凝土的抗渗性主要体现在抗氯离子渗透性方面。研究者发现,电场的作用可以加快溶液中的氯离子移动,因此可以考虑用电学或者电化学的方法来测定混凝土抵抗氯离子的能力,从而评价混凝土的抗渗性。这种方法被称为电测法。电测法可以分为电量法、电导率法、氯离子扩散系数法和极限电压法等。

1)电量法

电量法的试验方法为:将直径 100 mm、高 50 mm 的圆柱体试件经真空饱水后,用电极试验水槽夹紧,水槽一端注入 0.3 mol/L 的 NaOH 溶液,另一端注入 3.0% NaCl 溶液,通过水槽两端给混凝土施加 60 V 直流恒压电,每 30 min 记录一次电流,持续通电 6 h。以 6 h 内通过混凝土试件的总电通量作为评价标准来确定混凝土抗氯离子渗透性。电通量法不适用于掺有亚硝酸盐和钢纤维等良导电材料的混凝土进行抗氯离子渗透性试验。

2）电导率法

电导率法分为直流电法和交流电法。交流电法又分为交流电桥法和交流阻抗谱法。电导率法是一种高效、简便、可靠、快速的混凝土渗透性的评价方法，但是过去的研究结果并不是很好，规律不一致，结果也有很大差别，出现这种现象的原因是大多数研究者并没有建立不同混凝土类型之间的比较基础，这成为电导率法的致命缺陷。解决电导率法这一问题的方法是将混凝土进行真空饱水处理后，使其变成线性电学元器件，消除容抗等非线性成分对试验的影响。

3）氯离子扩散系数法

混凝土氯离子扩散系数法是目前国内外比较推崇的评价混凝土渗透性的方法，也是被广泛接受的标准方法。混凝土氯离子扩散系数法的测试方法比较多，有自然扩散法、电迁移法和饱盐电导率法等。自然扩散法是最原始的氯离子扩散系数的测定方法，原理简单，结果比较容易被人接受，被广泛应用于测试多孔材料。它是将混凝土长期浸泡在含氯的盐水中，然后通过切片或者研粉、浸取、电化学滴定、数学 Fick 拟合等多个步骤，用化学分析的方法得到氯离子浓度和氯离子扩散距离之间的关系，然后计算出氯离子扩散系数。该方法在用 Fick 第二定律拟合时无法真正准确地测得混凝土表面的氯离子浓度，往往是以试件中氯离子浓度和氯离子扩散深度变化之间的关系曲线反推出试件表面氯离子的浓度，而且浓度的测量往往存在误差。因此，用自然扩散法测得的结果往往误差较大，有研究表明，误差通常会在 20% ~ 25%。自然扩散法误差大，过程也比较繁琐，因此在实际检测中应用并不多。

4）极限电压法

极限电压法与电导率法很相似，是将不同混凝土的基本对象设为开孔中无水分的混凝土，将要研究的混凝土假设为绝缘介质，对其进行电击穿试验，测得其击穿电压，或者设定一个极限电流，测其极限电压，从而评定混凝土的渗透性优劣。极限电压法和电导率法一样，只适合用来比较混凝土渗透性的相对性。

4.4 试验设计

4.4.1 试件制作

1)蒸养玻璃纤维再生混凝土抗渗试件设计与制作

本试验再生混凝土配合比见表 2.1,用 3 个体积率分别为 0.5%、1.0%、1.5%的玻璃纤维再生混凝土抗渗试块(S-BRC),以及 1 个不含纤维的再生混凝土抗渗试块(S-RC)进行对照试验,再生粗骨料替代率为 25%,每种试块同步制作 6 个共计 24 个,详细参数见表 4.1。

表 4.1 抗渗试块设计参数

试件编号	尺寸/mm	纤维体积率/%	粗骨料替代率/%	温度/℃	混凝土强度等级
S-RC	175×185×150	0	25	60	C50
S-BRC-0.5	175×185×150	0.5	25	60	C50
S-BRC-1.0	175×185×150	1.0	25	60	C50
S-BRC-1.5	175×185×150	1.5	25	60	C50

注:S 代表抗渗试块,B 代表玻璃纤维,RC 代表再生混凝土。

试验中用篷布包裹住所有试验构件,防止蒸汽外泄影响蒸养效果,保证恒温养护温度为(60±5)℃。养护方式采用先蒸养再标养,蒸养过程中采用常温下静停 4 h、升温 4 h、恒温 8 h、降温 4 h(共 20 h),恒温温度(60±5)℃。蒸养过程中通过温度感应片监测混凝土内部蒸养温度,以此保证蒸养过程中混凝土内部温度为恒温(60±5)℃。蒸养结束后进行标养,达到规定龄期进行试验。

2)特殊环境下玻璃纤维再生混凝土抗渗试件设计与制作

本试验混凝土设计配合比见表 2.3。试验根据玻璃纤维掺量(体积率为 0%、0.5%、1.0%、1.5%)的不同、环境作用(碱性环境、干湿循环、冻融循环)的不同,以及不同环境作用的时间或次数的不同(碱性环境 30 d、60 d、90 d;干湿循环 20 次、40 次、60 次；冻融循环 50 次、100 次、150 次），并与室内环境作为对比，共设计 40 组试件，每组制作 6 个立方体抗渗试件，见表 4.2。

表 4.2　试件分组设计

分组编号	纤维掺量%	环境作用	抗渗试件	
			尺寸/mm	数量/个
S-0	0	室内	175×185×150	6
S-0.5	0.5	室内	175×185×150	6
S-1.0	1.0	室内	175×185×150	6
S-1.5	1.5	室内	175×185×150	6
A-30-0	0	碱性	175×185×150	6
A-30-0.5	0.5	碱性	175×185×150	6
A-30-1.0	1.0	碱性	175×185×150	6
A-30-1.5	1.5	碱性	175×185×150	6
A-60-0	0	碱性	175×185×150	6
A-60-0.5	0.5	碱性	175×185×150	6
A-60-1.0	1.0	碱性	175×185×150	6
A-60-1.5	1.5	碱性	175×185×150	6
A-90-0	0	碱性	175×185×150	6
A-90-0.5	0.5	碱性	175×185×150	6
A-90-1.0	1.0	碱性	175×185×150	6
A-90-1.5	1.5	碱性	175×185×150	6
D-20-0	0	干湿循环	175×185×150	6
D-20-0.5	0.5	干湿循环	175×185×150	6
D-20-1.0	1.0	干湿循环	175×185×150	6
D-20-1.5	1.5	干湿循环	175×185×150	6
D-40-0	0	干湿循环	175×185×150	6
D-40-0.5	0.5	干湿循环	175×185×150	6
D-40-1.0	1.0	干湿循环	175×185×150	6

续表

分组编号	纤维掺量%	环境作用	抗渗试件	
			尺寸/mm	数量/个
D-40-1.5	1.5	干湿循环	175×185×150	6
D-60-0	0	干湿循环	175×185×150	6
D-60-0.5	0.5	干湿循环	175×185×150	6
D-60-1.0	1.0	干湿循环	175×185×150	6
D-60-1.5	1.5	干湿循环	175×185×150	6
F-50-0	0	冻融循环	175×185×150	6
F-50-0.5	0.5	冻融循环	175×185×150	6
F-50-1.0	1.0	冻融循环	175×185×150	6
F-50-1.5	1.5	冻融循环	175×185×150	6
F-100-0	0	冻融循环	175×185×150	6
F-100-0.5	0.5	冻融循环	175×185×150	6
F-100-1.0	1.0	冻融循环	175×185×150	6
F-100-1.5	1.5	冻融循环	175×185×150	6
F-150-0	0	冻融循环	175×185×150	6
F-150-0.5	0.5	冻融循环	175×185×150	6
F-150-1.0	1.0	冻融循环	175×185×150	6
F-150-1.5	1.5	冻融循环	175×185×150	6

注：S、A、D 和 F 分别表示室内环境、碱性环境、干湿循环和冻融循环。

3）不同分散剂的玻璃纤维再生混凝土抗渗试件设计与制作

本试验采用尺寸为 175 mm×185 mm×150 mm 的圆台进行抗渗试验，每组 6 个试件。各类型混凝土试件设计和数量见表 4.3。

表 4.3 玻璃纤维再生混凝土抗渗试件设计

编号	再生粗骨料替代率/%	玻璃纤维体积率/%	分散剂	分散剂质量分数/%	抗渗试件数量/个
R-0-0	0	1	—	0	6
R-0-15	15	1	—	0	6
R-0-25	25	1	—	0	6
R-0-35	35	1	—	0	6
B-0.5-0	0	1	B193	0.5	6
B-0.5-15	15	1	B193	0.5	6
B-0.5-25	25	1	B193	0.5	6
B-0.5-35	35	1	B193	0.5	6
S-0.2-0	0	1	S-3101B	0.2	6
S-0.2-15	15	1	S-3101B	0.2	6
S-0.2-25	25	1	S-3101B	0.2	6
S-0.2-35	35	1	S-3101B	0.2	6
C-0.5-0	0	1	CMC	0.5	6
C-0.5-15	15	1	CMC	0.5	6
C-0.5-25	25	1	CMC	0.5	6
C-0.5-35	35	1	CMC	0.5	6

注:编号中 S、B、C 分别表示分散剂 S-3101B、B193、CMC;R 组不加分散剂。B-0.5-15 表示添加质量分数为 0.5% 的分散剂 B193,再生粗骨料替代率为 15%。

4.4.2 试验方法

1)孔隙率测试

图 4.1 为相关孔隙率试验图。首先将抗渗试块放置于烘箱中,以 8 个小时为一个时间节点进行称重,直至最后一次测量值与上一次测量值相差 1 g 以内时烘干结束;将烘干后的试块进行泡水饱和,饱和时间均为 24 个小时。取出试

块擦干表面水分,利用电子秤进行称重,利用烘干与饱和后的重量差换算出孔隙率,详见式(4.3)、式(4.4)。

$$\frac{m_2 - m_1}{\rho} = V^*$$ (4.3)

式中　m_2——泡水饱和后的质量;

　　　m_1——烘干后的质量;

　　　ρ——水的密度;

　　　V^*——水的体积(孔隙的体积)。

$$\frac{V^*}{V} = \kappa$$ (4.4)

式中　V^*——水的体积(孔隙的体积);

　　　V——试块的体积;

　　　K——孔隙率。

图4.1　孔隙率试验过程图

2)抗渗性能测试

图4.2为抗渗试验相关图片,本试验所使用抗渗仪器为 DY-HS25QZ 全自动抗渗仪。试验过程中,当6个试块中有3个出现渗水时,抗渗试验自动停止并生成试验报告。此时将试块从试验仪器中取下,借助万能试验机和钢筋条,将试块从中间剖开观察渗水高度。取渗水高度线上10个点作为测量其渗水高度的测量点,取10个测量点的平均值作为最终渗水高度,同组其他5个试块也采用相同的测量方法,以同组6个试块的渗水高度平均值作为该组最终有效渗水高度。

图 4.2　抗渗试验仪器

4.5　蒸汽养护玻璃纤维再生混凝土抗渗性能

4.5.1　蒸汽养护玻璃纤维再生混凝土孔隙率

纤维混凝土孔隙率如图 4.3 所示,以玻璃纤维体积率为 0% 为基准,玻璃纤维体积率为 0.5%、1.0%、1.5% 的试块孔隙率均有所降低,降低幅度分别为 4.84%、14.66%、11.80%。分析玻璃纤维再生混凝土孔隙率曲线呈先下降后上升趋势,当纤维体积率为 1.0% 时,玻璃纤维再生混凝土孔隙率最小。其原因在于:单根玻璃纤维的直径、体积更小,在混凝土搅拌过程中易于随着混凝土的搅拌而流动,对空隙的填充效果更佳。孔隙率越小,则混凝土内部孔隙数量越少,混凝土的整体性及密实性更好,从而抵抗水分渗透的能力越强。因此,降低孔隙率可提高混凝土的抗渗能力。

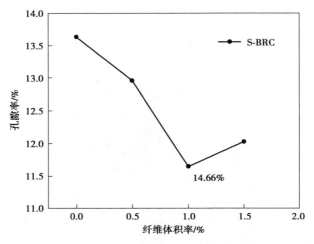

图 4.3　孔隙率与纤维体积率关系曲线图

4.5.2　蒸汽养护玻璃纤维再生混凝土抗渗高度

如图 4.4 所示,随着玻璃纤维体积率增加,玻璃纤维再生混凝土试块渗水高度先减小后增加,玻璃纤维体积率为 0.5%、1.0%、1.5% 时渗水高度分别为 28.25 mm、23.12 mm、25.35 mm,相比于未掺入纤维的再生混凝土渗水高度减小了 19.86%、34.41%、28.09%,掺入玻璃纤维有效地抑制了再生混凝土中水分渗透,以玻璃纤维体积率为 1.0 % 时为最佳。

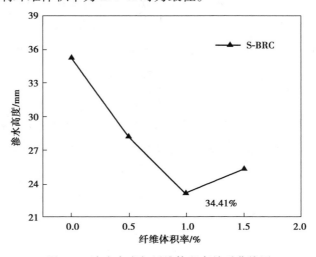

图 4.4　渗水高度与纤维体积率关系曲线图

综上所述,从最小渗水高度角度分析,玻璃纤维再生混凝土最小渗水高度为 25.35 mm,以未掺入纤维的再生混凝土渗水高度为基准,降低幅度为 34.41%。由此可见,与孔隙率试验结果基本吻合,可以判断孔隙率与渗水高度之间存在一定关联。

4.5.3　蒸汽养护玻璃纤维再生混凝土抗渗性能机理分析

混凝土抗渗性能主要与混凝土内部的孔隙有关,不仅孔隙率对混凝土抗渗能力有很大影响,孔径分布对混凝土抗渗性能的影响也不可忽视[150]。造成混凝土内部孔隙率增大以及孔径分布的原因有多种,水泥浆体在拌和过程中会有空气进入,且本身具有一定的含气量,从而导致水泥浆体内含有一定的细小孔隙,水泥浆体与骨料之间粘合不佳,导致骨料与水泥浆体之间存在一些细小裂缝,这些裂缝和孔隙都将影响混凝土的抗渗性能。

将纤维加入再生混凝土中,水泥浆体包裹住纤维,降低了再生混凝土内部的含气量,从而降低了再生混凝土水泥浆体中的孔隙率。另一方面,纤维对水泥浆体与骨料之间起到一定的黏结作用,使水泥浆体与骨料之间贴合更加紧密,减少了微裂缝的产生。微观试验结果显示纤维和混凝土之间的接触面粘合效果较好,可在一定程度上弥补水泥浆体与骨料之间粘合不佳的现象,减少并抑制裂缝和孔隙的产生及开展。孔隙率试验结果以及抗渗试验结果也验证了纤维的加入可以降低再生混凝土的孔隙率,优化再生混凝土内部的孔径分布,从而提高再生混凝土的抗渗性能。

从最佳抗渗能力来分析,玻璃纤维再生混凝土抗渗能力很强,分析其原因在于纤维材料本身的特点。玻璃纤维因其材料特性,体积小且柔软性更好,能很好地附着于砂浆与骨料表面,孔隙填充率更高,因此抗渗性能更好。

4.5.4　蒸汽养护玻璃纤维再生混凝土孔隙率对渗透高度的影响

孔隙率是影响混凝土渗透性的关键因素之一。为更直观地分析孔隙率对渗透高度的影响程度,本章在试验的基础上对孔隙率和渗透高度进行拟合,得出孔隙率与渗透高度之间的关系式。

图4.5为玻璃纤维再生混凝土孔隙率与渗透高度关系曲线。如图所示,孔隙率增加时,渗透高度随之增加。孔隙率与渗透高度的关系式为:

$$h = 0.043\ 2k^{2.553\ 9} \tag{4.5}$$

式中　h——渗透高度;

　　　k——孔隙率。

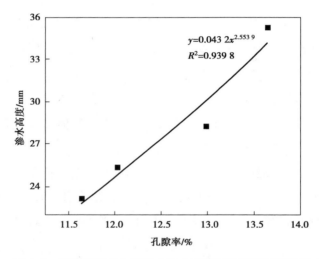

图4.5　玻璃纤维再生混凝土渗水高度与孔隙率关系曲线

分析图4.5曲线,随着孔隙率增大,纤维再生混凝土渗水高度与孔隙率关系曲线呈上升趋势,说明当混凝土内部孔隙率升高时,纤维再生混凝土的抗渗性能降低,混凝土孔隙率与抗渗性能之间确实具有一定关联性。建立孔隙率与抗渗性能之间的关系式能直观反映二者关系,证明了利用混凝土孔隙率预测其抗渗性能的可行性,也对蒸养纤维再生混凝土运用于工程中提供一定的指导意义,为蒸养纤维再生混凝土孔隙率与渗水高度之间的联系提供理论依据。

4.6　特殊环境下玻璃纤维再生混凝土抗渗性能

为探索特殊环境作用下玻璃纤维对再生混凝土抗渗性能的影响,将特殊环境作用（碱性环境、干湿循环、冻融循环）后的玻璃纤维体积率为 0%、0.5%、1.0%、1.5% 的再生混凝土进行孔隙率和渗透高度试验，从孔隙率和抗渗高度研究干湿循环作用对玻璃纤维再生混凝土抗渗性能的影响。建立孔隙率与渗透高度关系模型，可更直观地反映玻璃纤维再生混凝土孔隙率与渗透高度的相关性。

4.6.1　碱性环境下玻璃纤维再生混凝土抗渗性能

1）碱性环境下玻璃纤维再生混凝土孔隙率

不同碱性环境下再生混凝土孔隙率随玻璃纤维掺量变化如图 4.6 所示。在碱性环境作用下，以玻璃纤维体积率为 0% 作为基准，玻璃纤维体积率为 0.5%、1.0%、1.5% 时再生混凝土孔隙率均得到不同程度减小。室内环境下未掺玻璃纤维再生混凝土孔隙率为 3.38%，玻璃纤维掺量为 0.5%、1.0%、1.5% 时，孔隙率分别减小 0.14%、0.45% 和 0.40%。碱性环境作用 30 d 后，未掺玻璃纤维再生混凝土孔隙率为 4.64%，玻璃纤维掺量为 0.5%、1.0%、1.5% 时，孔隙率分别减小 0.13%、0.47% 和 0.33%。碱性环境作用 60 d 后，未掺玻璃纤维再生混凝土孔隙率为 4.05%，玻璃纤维掺量为 0.5%、1.0%、1.5% 时孔隙率分别减小 0.14%、0.33% 和 0.16%；碱性环境作用 90 d 后未掺玻璃纤维再生混凝土孔隙率为 4.98%，玻璃纤维掺量为 0.5%、1.0%、1.5% 时孔隙率分别减小 0.22%、0.64% 和 0.46%。玻璃纤维的掺入，填充了再生混凝土内部孔隙，增加了再生混凝土内部密实度，从而一定程度上减小了孔隙率。

2）碱性环境下玻璃纤维再生混凝土渗透高度

不同碱性环境下再生混凝土渗透高度随玻璃纤维掺量变化如图 4.7 所示。由图 4.7 可以看出，不同碱性作用时间下的再生混凝土渗透高度随玻璃纤维掺量的变化趋势大致相同，均呈先减小再增大的变化趋势，且在玻璃纤维体积率为 1.0% 时，渗透高度最小。在碱性环境作用 60 d 后，玻璃纤维再生混凝土渗透高度相比碱性作用 30 d 后有所减小，说明碱性作用前再生混凝土水化不完全，在碱性环境作用过程中发生了水化反应。在室内环境作用下，玻璃纤维

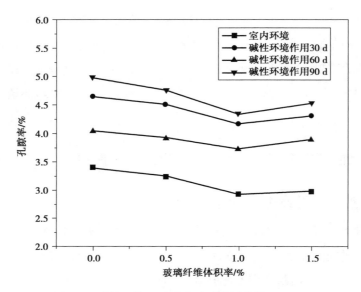

图 4.6　碱性环境下孔隙率随玻璃纤维掺量的变化

体积率为 0%、0.5%、1.0%、1.5% 的再生混凝土渗透高度分别为 57 mm、48 mm、41 mm、45 mm。以玻璃纤维体积率为 0% 作为基准,0.5%、1.0%、1.5% 的再生混凝土渗透高度降幅分别为 15.79%、28.07%、21.05%。碱性环境作用 30 d 后,玻璃纤维体积率为 0%、0.5%、1.0%、1.5% 的再生混凝土渗透高度分别为 94 mm、85 mm、73 mm、76 mm;以玻璃纤维体积率为 0% 作为基准,0.5%、1.0%、1.5% 的再生混凝土渗透高度降幅分别为 9.57%、22.34%、19.15%。碱性环境作用 60 d 后,玻璃纤维体积率为 0%、0.5%、1.0%、1.5% 的再生混凝土渗透高度分别为 81 mm、71 mm、59 mm、66 mm;以玻璃纤维体积率为 0% 作为基准,0.5%、1.0%、1.5% 的再生混凝土渗透高度降幅分别为 12.35%、27.16%、18.52%。碱性环境作用 90 d 后,玻璃纤维体积率为 0%、0.5%、1.0%、1.5% 的再生混凝土渗透高度分别为 96 mm、89 mm、75 mm、83 mm;以玻璃纤维体积率为 0% 作为基准,0.5%、1.0%、1.5% 的再生混凝土渗透高度降幅分别为 7.29%、21.88%、13.54%。在碱性环境作用下,玻璃纤维的掺入在一定程度上可以减小再生混凝土渗透高度,但随着碱性环境作用时间的增加,碱性幅度有所减小。

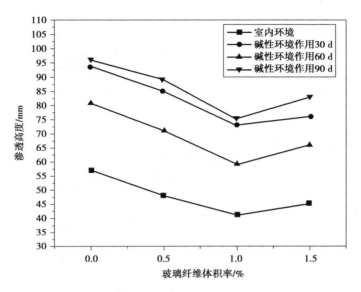

图 4.7 碱性环境下渗透高度随玻璃纤维掺量的变化

4.6.2 干湿循环下玻璃纤维再生混凝土抗渗性能

1)干湿循环下玻璃纤维再生混凝土孔隙率

不同干湿循环次数下再生混凝土孔隙率随玻璃纤维掺量变化如图 4.8 所示。在干湿循环作用下,以玻璃纤维体积率为 0% 作为基准,玻璃纤维体积率为 0.5%、1.0%、1.5% 时再生混凝土孔隙率均得到不同程度减小。室内环境下未掺玻璃纤维再生混凝土孔隙率为 3.38%,玻璃纤维掺量为 0.5%、1.0%、1.5% 时孔隙率分别减小 0.14%、0.45% 和 0.40%。干湿循环 20 次后,未掺玻璃纤维再生混凝土孔隙率为 4.58%,玻璃纤维掺量为 0.5%、1.0%、1.5% 时孔隙率分别减小 0.41%、1.06% 和 0.79%。干湿循环 40 次后,未掺玻璃纤维再生混凝土孔隙率为 5.26%,玻璃纤维掺量为 0.5%、1.0%、1.5% 时孔隙率分别减小 0.77%、1.55% 和 1.15%;干湿循环 60 次后,未掺玻璃纤维再生混凝土孔隙率为 5.59%,玻璃纤维掺量为 0.5%、1.0%、1.5% 时孔隙率分别减小 0.89%、1.63% 和 1.41%。玻璃纤维掺入混凝土中,优化了混凝土内部孔隙结构,增加了再生混凝土内部密实度,减小了再生混凝土因干湿循环作用引起的毛细作用和内部液体水的流动,从而减小了再生混凝土孔隙率。

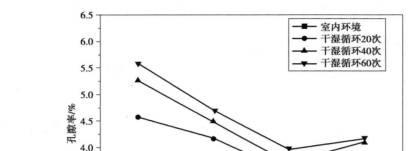

图4.8 干湿循环下孔隙率随玻璃纤维掺量的变化

2)干湿循环下玻璃纤维再生混凝土抗渗高度

不同干湿循环作用次数后再生混凝土渗透高度随玻璃纤维掺量变化如图4.9所示。由图中可以看出,不同干湿循环次数作用的再生混凝土渗透高度随玻璃纤维掺量的变化趋势大致相同,均呈先减小再增大的变化趋势,且在玻璃纤维体积率为1.0%时,渗透高度最小。在室内环境作用下,玻璃纤维体积率为0%、0.5%、1.0%、1.5%的再生混凝土渗透高度分别为57 mm、48 mm、41 mm、45 mm;以玻璃纤维体积率为0%作为基准,0.5%、1.0%、1.5%的再生混凝土渗透高度降幅分别为15.79%、28.07%、21.05%。干湿循环20次后,玻璃纤维体积率为0%、0.5%、1.0%、1.5%的再生混凝土渗透高度分别为93 mm、84 mm、59 mm、67 mm;以玻璃纤维体积率为0%作为基准,0.5%、1.0%、1.5%的再生混凝土渗透高度降幅分别为9.68%、36.56%、27.96%。干湿循环40次后,玻璃纤维体积率为0%、0.5%、1.0%、1.5%的再生混凝土渗透高度分别为102 mm、93 mm、65 mm、82 mm;以玻璃纤维体积率为0%作为基准,0.5%、1.0%、1.5%的再生混凝土渗透高度降幅分别为8.82%、36.27%、19.61%。干湿循环60次后,玻璃纤维体积率为0%、0.5%、1.0%、1.5%的再生混凝土渗透

高度分别为 114 mm、99 mm、71 mm、86 mm；以玻璃纤维体积率为 0% 作为基准，
0.5%、1.0%、1.5% 的再生混凝土渗透高度降幅分别为 13.16%、37.72%、
24.56%。在干湿循环作用下，玻璃纤维的掺入在一定程度上可以抑制再生混
凝土内部毛细作用和液体水流动，从而减小干湿循环对再生混凝土抗渗性能的
影响。

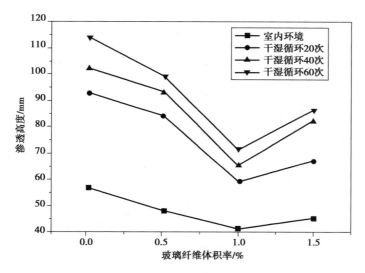

图 4.9　干湿循环下孔隙率随玻璃纤维掺量的变化

4.6.3　冻融循环下玻璃纤维再生混凝土抗渗性能

1）冻融循环下玻璃纤维再生混凝土孔隙率

不同冻融循环次数下再生混凝土孔隙率随玻璃纤维掺量变化如图 4.10 所
示。在干湿循环作用下，以玻璃纤维体积率为 0% 作为基准，玻璃纤维体积率为
0.5%、1.0%、1.5% 时再生混凝土孔隙率均得到不同程度减小。室内环境下，
未掺玻璃纤维再生混凝土孔隙率为 3.38%，玻璃纤维掺量为 0.5%、1.0%、
1.5% 时孔隙率分别减小 0.14%、0.45% 和 0.40%。冻融循环 50 次后，未掺玻
璃纤维再生混凝土孔隙率为 5.45%，玻璃纤维掺量为 0.5%、1.0%、1.5% 时孔
隙率分别减小 0.57%、1.58% 和 1.24%。冻融循环 100 次后，未掺玻璃纤维再
生混凝土孔隙率为 7.11%，玻璃纤维掺量为 0.5%、1.0%、1.5% 时孔隙率分别

减小0.91%、1.76%和0.93%;冻融循环150次后,未掺玻璃纤维再生混凝土孔隙率为8.41%,玻璃纤维掺量为0.5%、1.0%、1.5%时孔隙率分别减小0.49%、1.20%和0.97%。玻璃纤维掺入混凝土中,填充了再生混凝土内部孔隙,增加了再生混凝土内部密实度,减小了再生混凝土结构因冻融循环产生的破损,从而减小了再生混凝土孔隙率。在冻融循环进行到150次时,玻璃纤维对孔隙的抑制作用有所减小。

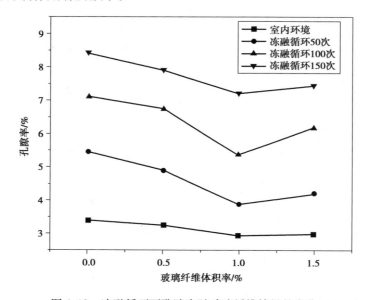

图4.10 冻融循环下孔隙率随玻璃纤维掺量的变化

2)冻融循环下玻璃纤维再生混凝土渗透高度

不同冻融循环作用次数后再生混凝土渗透高度随玻璃纤维掺量变化如图4.11所示。由图4.11可以看出,不同冻融循环次数作用的再生混凝土渗透高度随玻璃纤维掺量的变化趋势大致相同,均呈先减小再增大的变化趋势,且在玻璃纤维体积率为1.0%时,渗透高度最小。在室内环境作用下,玻璃纤维体积率为0%、0.5%、1.0%、1.5%的再生混凝土渗透高度分别为57 mm、48 mm、41 mm、45 mm;以玻璃纤维体积率为0%作为基准,玻璃纤维掺量为0.5%、1.0%、1.5%的再生混凝土渗透高度降幅分别为15.79%、28.07%、21.05%。冻融循环50次后,玻璃纤维体积率为0%、0.5%、1.0%、1.5%的再生混凝土渗透高度分别为 97 mm、88 mm、74 mm、80 mm；以玻璃纤维体积率为 0% 作为基准，玻璃纤维掺量为 0.5%、1.0%、1.5% 的再生混凝土渗透高度降幅分别为 9.28%、23.71%、17.53%。冻融循环 100 次后，玻璃纤维体积率为 0%、0.5%、1.0%、1.5% 的再生混凝土渗透高度分别为 115 mm、109 mm、82 mm、94 mm；以玻璃纤维体积率为 0% 作为基准，玻璃纤维掺量为 0.5%、1.0%、1.5% 的再生混凝土渗透高度降幅分别为 5.22%、28.70%、18.26%。冻融循环 150 次后，玻璃纤维体积率为 0%、0.5%、1.0%、1.5% 的再生混凝土渗透高度分别为 131 mm、118 mm、105 mm、107 mm；以玻璃纤维体积率为 0% 作为基准，玻璃纤维掺量为 0.5%、1.0%、1.5% 的再生混凝土渗透高度降幅分别为 4.42%、19.85%、18.32%。玻璃纤维掺入混凝土中，填充了再生混凝土内部孔隙，增加了再生混凝土内部密实度，减小了再生混凝土结构因冻融循环产生的破损，且玻璃纤维在混凝土内部形成空间结构网格，有效限制了水分子进入混凝土中，从而减小了冻融循环对再生混凝土抗渗性能的影响。

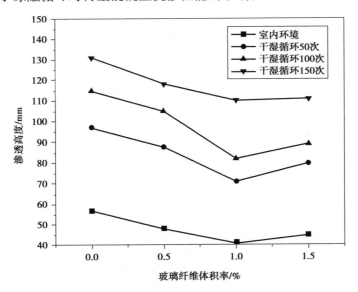

图 4.11　冻融循环下渗透高度随玻璃纤维掺量的变化

4.6.4 孔隙率对渗透高度的影响

1）碱性环境下玻璃纤维再生混凝土孔隙率与渗透高度的关系

试验结果表明,在碱性环境作用下,玻璃纤维的掺入可以有效减小再生混凝土孔隙率,提高抗渗性能。混凝土结构孔隙率对其抗渗性能有直接影响,为了更直观地反映玻璃纤维再生混凝土孔隙率与抗渗性能的相关性,本研究根据试验数据建立了碱性环境作用下玻璃纤维再生混凝土孔隙率与渗透高度关系模型。结果表明:碱性环境作用下玻璃纤维再生混凝土孔隙率与渗透高度呈线性相关性,拟合曲线如图4.12所示。

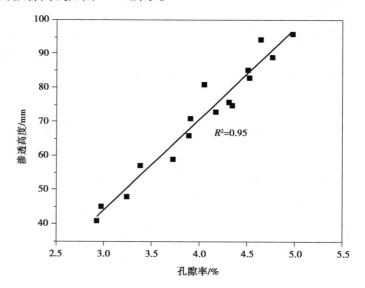

图 4.12　碱性环境下孔隙率与渗透高度的关系

拟合得到碱性环境下玻璃纤维再生混凝土孔隙率与渗透高度的关系式为:

$$p = 26.619\,18k - 35.838\,24 \tag{4.6}$$

式中　p——渗透高度;

k——孔隙率。

式(4.6)所示的线性关系,说明当再生混凝土内部孔隙率变大时,其抗渗性能降低。建立碱性环境下玻璃纤维再生混凝土孔隙率与渗透高度的关系模型,不仅证明了利用孔隙率预测其抗渗性能的可行性,也对玻璃纤维再生混凝土结构运用在碱性环境中提供了一定的指导意义,为碱性作用玻璃纤维再生混凝土孔隙率与渗透高度之间的联系提供理论依据。

2)干湿循环下玻璃纤维再生混凝土孔隙率与渗透高度的关系

试验结果表明,在干湿循环作用下,玻璃纤维的掺入可以有效减小再生混凝土孔隙率,提高抗渗性能。混凝土结构孔隙率对其抗渗性能有直接影响,为了更直观地反映玻璃纤维再生混凝土孔隙率与抗渗性能的相关性,本研究根据试验数据建立了干湿循环作用下玻璃纤维再生混凝土孔隙率与渗透高度关系模型。结果表明:干湿循环作用下玻璃纤维再生混凝土孔隙率与渗透高度呈线性相关性。拟合曲线如图 4.13 所示。

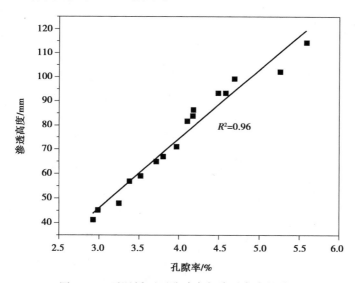

图 4.13　干湿循环下孔隙率与渗透高度的关系

拟合得到干湿循环作用下玻璃纤维再生混凝土孔隙率与渗透高度的关系式为:

$$p = 28.282\,69k - 38.798\,7 \tag{4.7}$$

式中　p——渗透高度;

　　　k——孔隙率。

式(4.7)所示的线性关系,说明当再生混凝土内部孔隙率变大时,其抗渗性能降低。建立干湿循环作用下玻璃纤维再生混凝土孔隙率与渗透高度的关系模型,不仅证明了利用孔隙率预测其抗渗性能的可行性,也对玻璃纤维再生混凝土结构运用在干湿循环中提供了一定的指导意义,为干湿循环玻璃纤维再生混凝土孔隙率与渗透高度之间的联系提供理论依据。

3)冻融循环下玻璃纤维再生混凝土孔隙率与抗渗高度的关系

试验结果表明,在冻融循环作用下,玻璃纤维的掺入可以有效减小再生混凝土孔隙率,提高抗渗性能。混凝土结构孔隙率对其抗渗性能有直接影响,为了更直观地反映玻璃纤维再生混凝土孔隙率与抗渗性能的相关性,本研究根据试验数据建立了干湿循环作用下玻璃纤维再生混凝土孔隙率与渗透高度关系模型。结果表明:干湿循环作用下玻璃纤维再生混凝土孔隙率与渗透高度呈线性相关性。拟合曲线如图4.14所示。

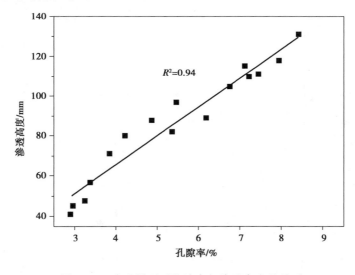

图 4.14 冻融循环下孔隙率与渗透高度的关系

拟合得到冻融循环作用下玻璃纤维再生混凝土孔隙率与渗透高度的关系式为:

$$p = 14.526\ 36k + 7.481\ 49 \tag{4.8}$$

式中 p——渗透高度;

k——孔隙率。

　　式(4.8)所示的线性关系,说明当再生混凝土内部孔隙率变大时,其抗渗性能降低。建立干湿循环作用下玻璃纤维再生混凝土孔隙率与渗透高度的关系模型,不仅证明了利用孔隙率预测其抗渗性能的可行性,也对玻璃纤维再生混凝土结构运用在冻融循环中提供了一定的指导意义,为冻融循环玻璃纤维再生混凝土孔隙率与渗透高度之间的联系提供理论依据。

4.6.5　特殊环境下玻璃纤维再生混凝土抗渗机理分析

1)碱性环境下玻璃纤维再生混凝土抗渗机理分析

　　再生骨料替代部分天然骨料掺入混凝土中形成再生混凝土。玻璃纤维再生混凝土是以再生骨料混凝土作为基材,以非连续的短切玻璃纤维作为增强材料组成的水泥基复合材料。玻璃纤维再生混凝土中胶凝材料和水形成浆体包裹在骨料表面并填充骨料间的间隙,在拌和过程中,骨料间的间隙未能完全被填充而形成孔洞。玻璃纤维再生混凝土内部结构十分复杂,在浆体与骨料结合不良区域,再生混凝土硬化收缩容易产生微裂缝。

　　经饱和 $Ca(OH)_2$ 碱性溶液处理后,混凝土中粉煤灰颗粒表面出现明显的刻蚀,并且粉煤灰颗粒表面主要有 4 种形貌:碱刻蚀现象、结构致密层、疏松的沉积层、颗粒表面形成钙矾石晶体[151]。试验所用粉煤灰的主要成分为 SiO_2 和 Al_2O_3,而碱性环境中 $Ca(OH)_2$ 分别与 SiO_2 和 Al_2O_3 发生反应生成硅酸钙水化物、铝酸钙水化物等产物。

$$Ca(OH)_2 + SiO_2 \longrightarrow CaSiO_3 \cdot H_2O \quad (硅酸钙水化物)$$

$$Ca(OH)_2 + Al_2O_3 \longrightarrow Ca(AlO_2)_2 \cdot H_2O \quad (铝酸钙水化物)$$

　　$Ca(OH)_2$ 分别与 SiO_2 和 Al_2O_3 反应的产物通常结晶不良,具有很高的结晶度表面积,且表面积反应物随时间的增加而增加[152][153]。粉煤灰与 $Ca(OH)_2$ 溶液中形成的反应产物被认为是对结构有害的[154]。经饱和 $Ca(OH)_2$ 溶液处理后的玻璃纤维再生混凝土出现较大面积细小空隙的碱刻蚀现象,再生混凝土碱刻蚀现象较玻璃纤维再生混凝土碱刻蚀现象更明显,且玻璃纤维与再生混凝土之间存在空隙,从而增大了玻璃纤维再生混凝土孔隙率。玻璃纤维再生混凝土孔隙率与渗透高度呈线性相关,玻璃纤维再生混凝土渗透高度因孔隙率的增大而提高,从而降低了玻璃纤维再生混凝土抗渗性能。

2)干湿循环作用下玻璃纤维再生混凝土抗渗机理分析

干湿循环大致可以分为两个阶段对玻璃纤维再生混凝土内部结构进行作用。第一阶段为水分渗透,即试件浸泡阶段,水分子被渗流作用携带进入玻璃纤维再生混凝土内部。第二阶段为水分蒸发阶段,玻璃纤维再生混凝土试件内外部相对湿度相差较大,蒸发过程中出现的毛细管力使得混凝土收缩。

第一阶段,玻璃纤维再生混凝土孔内水分局部饱和,局部便产生流动,且浸润与流动同时进行,最终孔内水分全部饱和,渗流正式开始。第二阶段,玻璃纤维再生混凝土孔中的水蒸发时,会形成毛细管张力,凝胶粒子表面的吸附水与水泥石固相间的物理吸附作用使凝胶水产生较强的表面张力和紧缩力,从而引起凝胶体积收缩[155]。

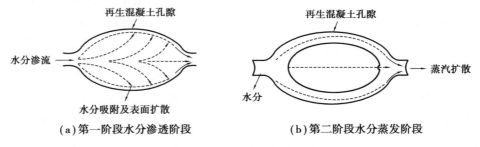

(a)第一阶段水分渗透阶段　　　　　　(b)第二阶段水分蒸发阶段

图 4.15　干湿循环作用过程

再生混凝土中掺入玻璃纤维,玻璃纤维在再生混凝土中呈立体三维结构分布,能够提高再生混凝土密实度,提高再生混凝土抗渗性能。湿循环前,再生混凝土表面平整,密实度高,玻璃纤维被再生混凝土紧紧包裹,表面仅存在少量微裂缝;干湿循环作用后,再生混凝土看起来很"松散",密度性差,玻璃纤维与混凝土黏结处存在明显空隙,但其密实性看起来比再生混凝土好。掺量为 1.0% 的玻璃纤维再生混凝土经 20 次、40 次和 60 次干湿循环后,孔隙率分别增加 0.59%、0.78% 和 1.03%,渗透高度分别升高 18 mm、24 mm 和 30 mm。可见干湿循环作用使混凝土内部毛细作用加强,从而使再生混凝土结构空隙增加,并且造成混凝土内部密实性变差,最终导致再生混凝土的损伤,劣化了其抗渗性能。

3）冻融循环作用下玻璃纤维再生混凝土抗渗机理分析

玻璃纤维再生混凝土是由水泥砂浆、天然粗骨料、再生粗骨料及玻璃纤维组成的多毛细孔体。冻融循环为冻结和融化作用的交替发生，如图 4.16 所示，冻融循环前在水中浸泡 4 天，水分渗透进入试件滞留于玻璃纤维再生混凝土内部孔隙结构中。随着冻融循环的进行，冻结过程中，随着温度的降低，玻璃纤维再生混凝土孔隙结构内部水分开始冻结膨胀，体积膨胀产生膨胀压力作用于试件内部结构；融化过程中，随着温度的升高，玻璃纤维再生混凝土孔隙结构内部水分融化，融化过程水分体积减小，膨胀压力也随之减小。

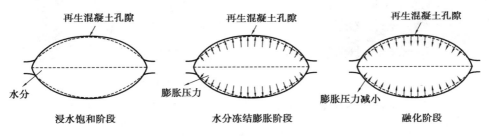

图 4.16　冻融循环作用过程

冻融循环前，玻璃纤维被包裹在再生混凝土中，但经冻融循环作用后，玻璃纤维与再生混凝土之间失去了握裹力，存在明显空隙。玻璃纤维再生混凝土在冻结过程中水冻结成冰，增大了原本水的体积；融化过程中冰化成水，玻璃纤维再生混凝土内部水分体积"恢复"，在多次循环后使再生混凝土内部受损，密实性变差，导致玻璃纤维再生混凝土孔隙率变大，抗渗性能减弱，玻璃纤维再生混凝土孔隙率及渗透高度随着冻融循环次数的增加而增大。

4.7　分散剂对玻璃纤维再生混凝土抗渗性能的影响

4.7.1　玻璃纤维再生混凝土抗渗试块劈开形态

（1）再生粗骨料替代率为 15% 的抗渗试块劈开形态如图 4.17 所示。

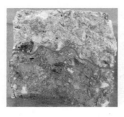

图 4.17　抗渗试块劈开形态（再生粗骨料替代率 15%）

（2）再生粗骨料替代率为 25% 的抗渗试件劈开形态如图 4.18 所示。

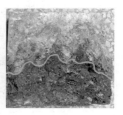

图 4.18　抗渗试块劈开形态（再生粗骨料替代率 25%）

（3）再生粗骨料替代率为 35% 的抗渗试件劈开形态如图 4.19 所示。

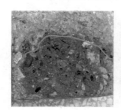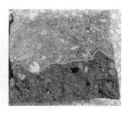

图 4.19　抗渗试块劈开形态（再生粗骨料替代率 35%）

4.7.2　分散剂对玻璃纤维再生混凝土孔隙率的影响

图 4.20 为分散剂对不同再生骨料替代率的玻璃纤维再生混凝土孔隙率的影响。未掺加分散剂，再生骨料替代率为 0、15%、25% 和 35% 时，玻璃纤维再生混凝土试块的孔隙率为 4.9%、8.2%、11.2% 和 12.5%；掺加分散剂 B193，再生骨料替代率为 0、15%、25% 和 35% 时，玻璃纤维再生混凝土试块的孔隙率为 4.25%、7.5%、9.8% 和 11.2%，相较于未掺加分散剂的试块，孔隙率分别降低 13.3%、8.5%、12.5% 和 10.4%。掺加分散剂 S-3101B，再生骨料替代率为 0、15%、25% 和 35% 时，玻璃纤维再生混凝土试块的孔隙率为 4.77%、7.9%、

10.7% 和 12.1%,相较于未掺加分散剂的试块,孔隙率分别降低 2.7%、3.7%、4.5% 和 3.2%。掺加分散剂 CMC,再生骨料替代率为 0%、15%、25% 和 35% 时,玻璃纤维再生混凝土试块的孔隙率为 4.66%、7.6%、10.9% 和 11.8%,相较于未掺加分散剂的试块,孔隙率分别降低 4.9%、7.3%、2.7% 和 5.6%。

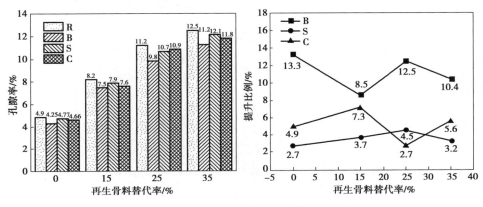

图 4.20　再生骨料替代率与孔隙率的关系

4.7.3　玻璃纤维再生混凝土抗渗试验结果及分析

1)未掺加分散剂

图 4.21 为未掺加分散剂的玻璃纤维再生混凝土试件在不同再生骨料替代率下的试件渗水高度。随着再生骨料替代率的增大,试件的渗水高度增大,且增大速率提升。再生骨料替代率分别为 0%、15%、25% 和 35% 时,渗水高度分别为 25.3 mm、34.2 mm、42.7 mm 和 53.5 mm,相较于再生骨料替代率为 0 的试件,其他试件的渗水高度分别提高 35%、69% 和 111%。

2)掺加分散剂 B193

图 4.22 为掺加分散剂 B193 的玻璃纤维再生混凝土试件在不同再生骨料替代率的情况下的试件渗水高度。随着再生骨料替代率的增大,试件的渗水高度增大。增大速率随着再生骨料替代率增大先增大再降低。再生骨料替代率分别为 0%、15%、25% 和 35% 时,渗水高度分别为 21.1 mm、31.3 mm、41.1 mm 和 48.5 mm,相较于再生骨料替代率为 0 的试件,其他试件的渗水高度分别提

高 48% 、95% 和 130% 。

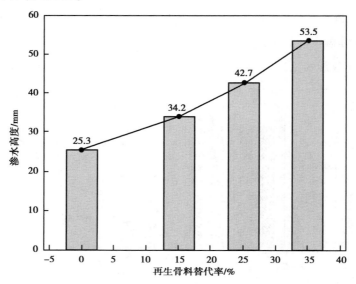

图 4.21　未添加分散剂试件渗水高度

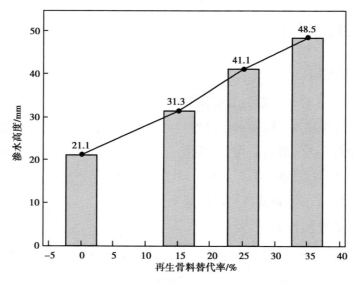

图 4.22　掺加分散剂 B193 试件渗水高度

3）掺加分散剂 S-3101B

图 4.23 为掺加分散剂 S-3101B 的玻璃纤维再生混凝土试件在不同再生骨

料替代率的情况下的渗水高度。随着再生骨料替代率的增大,试件的渗水高度增大,且增大速率提升。再生骨料替代率分别为 0% 、15% 、25% 和 35% 时,渗水高度分别为 22.9 mm、33 mm、41.9 mm 和 51.7 mm,相较于再生骨料替代率为 0 的试件,其他试件的渗水高度分别提高 44% 、83% 和 126% 。

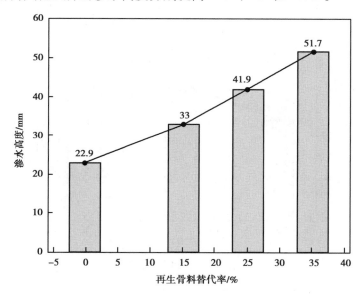

图 4.23　掺加分散剂 S-3101B 试件渗水高度

4)掺加分散剂 CMC

图 4.24 为掺加分散剂 CMC 的玻璃纤维再生混凝土试件在不同再生骨料替代率的情况下的渗水高度。随着再生骨料替代率的增大,试件的渗水高度增大。增大速率随着再生骨料替代率增大先增大再降低。再生骨料替代率分别为 0% 、15% 、25% 和 35% 时,渗水高度分别为 23.5 mm、32.4 mm、42.1 mm 和 50 mm,相较于再生骨料替代率为 0 的试件,其他试件的渗水高度分别提高 37% 、79% 和 112% 。

图 4.25 为掺加三种分散剂的玻璃纤维再生混凝土相较于未添加分散剂的玻璃纤维混凝土试件渗水高度的降低比例。掺加分散剂 B193 的试件,当再生骨料替代率分别为 0% 、15% 、25% 和 35% 时,试件渗水高度降低 16.6% 、8.5% 、3.7% 和 9.6% 。掺加分散剂 S-3101B 的试件,当再生骨料替代率分别为

0%、15%、25%和35%时,试件渗水高度降低9.5%、3.5%、1.8%和6.5%。掺加分散剂CMC的试件,当再生骨料替代率分别为0%、15%、25%和35%时,试件渗水高度降低7.1%、5.3%、1.4%和3.4%。

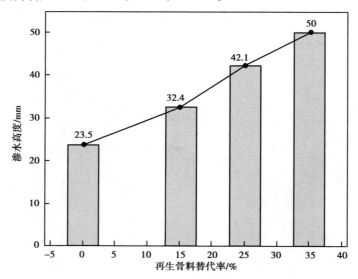

图 4.24　掺加分散剂 CMC 试件渗水高度

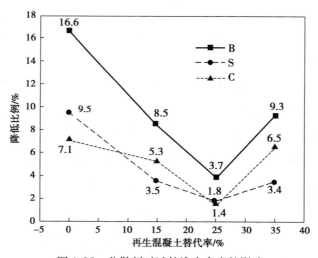

图 4.25　分散剂对试件渗水高度的影响

4.7.4　分散剂对玻璃纤维再生混凝土渗水高度的影响研究

对添加不同分散剂的玻璃纤维再生混凝土的孔隙率与渗水高度的关系进行拟合,得到孔隙率(P)与渗水高度(H)之间的关系,如图 4.26 所示。

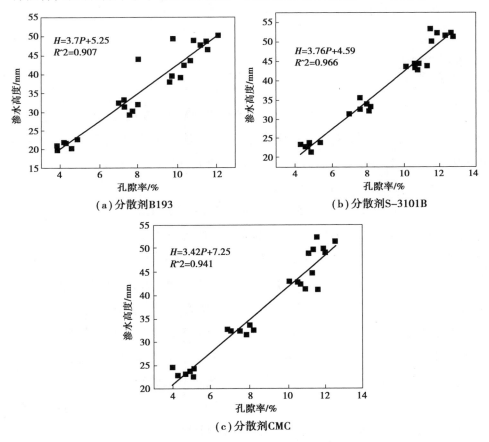

图 4.26　纤维再生混凝土孔隙率与渗水高度的关系

根据孔隙率对玻璃纤维再生混凝土渗水高度的影响,建立三种分散剂掺量对玻璃纤维再生混凝土渗水高度之间的关系式如下:

(1)掺加分散剂 B193

$$H = 3.7P + 5.25 \qquad\qquad (4.9)$$

(2)掺加分散剂 S3101B

$$H = 3.76P + 4.59 \tag{4.10}$$

（3）掺加分散剂 CMC

$$H = 3.42P + 7.25 \tag{4.11}$$

式中　H——渗水高度，mm；

　　　P——孔隙率，% 。

4.8　本章小结

本章主要内容为针对体积率均为 0.5%、1.0%、1.5% 的玻璃纤维再生混凝土分别在蒸汽养护、特殊环境作用（碱性、干湿循环、冻融循环）、不同分散剂（B193、S-3101B、CMC）的抗渗性能进行试验研究，通过试件孔隙率及渗透高度对抗渗性能进行分析，主要结论如下：

（1）玻璃纤维体积率为 0.5%、1.0%、1.5% 时，S-BRC 相比于 S-RC 孔隙率降低 4.84%、14.66%、11.80%，本试验中均以纤维体积率为 1.0% 时对再生混凝土孔隙率改善效果最好。玻璃纤维体积率为 0.5%、1.0%、1.5% 时，S-BRC 相比于 S-RC 渗水高度减小 19.86%、34.41%、28.09%，加入纤维均可提高再生混凝土抗渗性能，本试验中均以玻璃纤维体积率为 1.0% 时为最佳。

（2）特殊环境作用下，玻璃纤维的掺入，填充了再生混凝土内部孔隙，增加了再生混凝土内部密实度，从而在一定程度上减小了孔隙率及渗透高度，并且在玻璃纤维掺量为 1.0% 时达到最佳。对比孔隙率试验结果与抗渗试验结果，发现特殊环境作用下玻璃纤维再生混凝土孔隙率与渗透高度具有一定的联系，且抗渗高度随孔隙率的降低而减小，因此，根据试验数据建立了特殊环境作用时间下玻璃纤维再生混凝土孔隙率与渗透高度关系模型，为特殊作用下玻璃纤维再生混凝土孔隙率与渗透高度之间的联系提供理论依据。

（3）掺入分散剂 B193 的试件，再生骨料替代率分别为 0%、15%、25% 和 35% 时，试件渗水高度降低 16.6%、8.5%、3.7% 和 9.6%。掺加分散剂 S-3101B 的试件，再生骨料替代率分别为 0%、15%、25% 和 35% 时，试件渗水高度降低 9.5%、3.5%、1.8% 和 6.5%。掺加分散剂 CMC 的试件，再生骨料替代率分别为 0%、15%、25% 和 35% 时,试件渗水高度降低 7.1%、5.3%、1.4% 和 3.4%。分散剂 B193 和分散剂 S-3101B 的极性基团与玻璃纤维表面形成氢键,吸附于纤维表面,从而改善玻璃纤维的分散性。分散剂 CMC 发生电离,克服静电排斥力或以镶嵌方式吸附于纤维缝隙表面,形成单分子吸附层,到达改善玻璃纤维的目的。

第5章　玻璃纤维再生混凝土多准则分析

5.1　引　言

　　试验过程中的变量是影响试验结果的重要因素之一。在众多试验中，其变量的数目往往是多个而不是单一。在面对多个变量的耦合影响时，需要充分考虑其对试验结果的耦合作用，然而在全面考虑多个变量影响时往往需要更大的人力物力和相关成本，甚至出现因人为因素而产生的误差。多准则优化作为设计过程中的一个重要环节，是寻找最佳解决方案最为有效的方式之一，能够有效降低上述过程中耦合因素的影响。多准则优化通过调整试验中相应材料组成成分的比例和分布情况，评价其是否满足试验的性能要求标准。对于复合材料的优化则需要考虑多个自变量间的关系，自变量的不同决定了材料成分、内部结构以及养护方式的不同均会影响最终的优化结果。而多准则优化理论与试验相结合，是数据处理的一种有效方法，可以减少不同变量之间对试验结果产生的不良耦合影响，降低误差。

5.1.1　材料优化的基本概念

　　一般而言，最优组合由一组变量 $x_{i\,(i=1,2,3,\cdots,n)}$ 表示试验中的各个变量，而正是由于这些变量使得响应变量在优化后达到最优值。变量 x_i 是一个独立的变量，任何一个可以影响试验结果的变量均为独立变量，并在优化过程中由多个变量共同确定最终的最优值。变量可以是材料的各种特征属性值，可以是材料的质量和体积掺量,也可以是多种材料之间的耦合关系[156]。变量的选取往往不能超过结构材料的功能限值和材料自身性能的限值,然而在实际工程应用中由于结构抗力、结构功能等性能稳定性受外界因素的影响较大,当其超出所能承受的最大限值时,容易产生破坏,所以对于影响试验结果的各种变量存在一定的限制关系,变量的准则限值如式(5.1)和式(5.2)所示,式(5.3)为变量取值:

$$g_p(x_i) = 0, p = 1,2,3,\cdots,r \tag{5.1}$$

$$h_s(x_i) \leqslant 0, s = 1,2,3,\cdots,t \tag{5.2}$$

$$\underline{x_i} \leqslant x_i \leqslant \overline{x_i}, i = 1,2,3,\cdots,n \tag{5.3}$$

对于不同变量对应不同的限值,多个变量的约束集合构成了试验变量的可行解取值,即在满足多个变量的前提下得到目标最优化的最优可行解。变量可以定义为连续变量和非连续变量,例如一些固定体积掺量的材料成分属于连续变量;一些难以确定其量化关系的变量,例如不同类型的硅酸盐水泥则属于离散型变量,即不连续变量。对于复合材料而言,各组成材料的性质及材料间的相互结合所构成的随机组合也属于随机变量。基于多个连续变量和非连续变量而得出的设计值和标准值也是随机离散的,在工程问题的优化过程中,需要充分考虑随机离散性对优化结果的影响,需要引用分布函数,将优化的问题数值化,而随机离散的变量问题则以目标函数的形式表示,在优化过程中更好地将设计材料的性能和材料属性表示出来,目标函数对材料变量的适用性进行判断从而得出最优值。而对于一般材料而言,需要充分考虑材料的物理特性和化学特性;在实际工程应用中,材料的机械性能也是影响材料最优化的重要因素,例如材料强度、弹性模量、断裂能、耐久性能指标以及材料比成本等。

对于优化过程中的一组变量 $x_{i(i=1,2,3,\cdots,n)}$ 而言,多准则优化有相对应的一组变量转化为目标函数 $F(x_i)$ 的形式表示,受不同类型和不同形式的条件约束,不同目标函数的表达形式也不尽相同。例如,材料中的体积或面积是一个限值,可以通过积分的形式表示某一材料的体积或者面积[157]。如果变量是以约束条件(5.1)和(5.2)的形式来表示某一准则,那么对于这种问题的解的必要条件需要根据库恩-塔克尔定理进行数学规划,其表达形式如下:

$$\begin{cases} x_i \dfrac{\partial F^*(x_i)}{\partial x_i} = 0 \\[2mm] \dfrac{\partial F^*(x_i)}{\partial x_i} \leqslant 0 \\[2mm] \dfrac{\partial F^*(x_i)}{\partial \mu_p} = 0 \end{cases} \begin{cases} \mu_s \dfrac{\partial F^*(x_i)}{\partial \mu_s} = 0 \\[2mm] \dfrac{\partial F^*(x_i)}{\partial \mu_s} \geqslant 0 \\[2mm] x_i \geqslant 0, i = 1,2,\cdots,k \end{cases} \tag{5.4}$$

式中,$\mu_s \geqslant 0$,$s = 1,2,\cdots,t$ 和 μ_p,$p = 1,2,\cdots,r$,就是拉格朗日乘数,所以最终问题则转变为:

$$F^*(x_i) = F(x_i) + \sum_{p=1}^{r} \mu_p g_p(x_i) + \sum_{s=1}^{t} \mu_s h_s(x_i) \tag{5.5}$$

在定义变量、约束条件后以表示出需要优化的对象。对于对象的优化,并非从材料方面入手,而是需要从优化模型上以数据的形式体现优化的结果,而在优化过程中,模型相关参数的设定也会影响最终的优化结果,例如材料可以被假设为弹性材料或均质材料,又或者是通过优化某一重要步骤从而可以忽略影响因子不大的因素。多准则优化并未取代工程设计中的相关步骤,而是以更为简洁直观的方式达到最好的设计效果。

5.1.2　材料的多准则优化

在建立回归模型并建立混合设计变量和响应变量之间的等式关系后,所有的独立变量的变化都是独立的,用来优化最终的目标函数,即多准则优化。优化的目的是找到最大化响应变量的最优值。优化一般需要同时考虑多个相应变量之间的耦合关系,首先需要定义单个变量的单一期望函数,利用式(5.8)定义单个期望函数的几何平均值,解决多目标的问题,其中 m 是优化中所包含的响应变量数,如果任意变量在优化过程中超出期望值(0,1)的范围,则整个期望函数值均为0。而对于实际最大值和实际最小值,可通过式(5.6)和式(5.7)进行处理,对数据进行归一化处理,形式上是数据和公式的变化,本质上是为了更好地反映数据之间的关系。数据的标准化是将数据按照一定比例调整放大或者缩小后,分布在特定的区间内,由于评价过程中各个评价指标的度量单位不一,为了结合更多的评价指标,需要对指标进行归一化处理,从而使得评价数值分布在同一个特定区间。在调整评价指标后,利用式(5.8)计算得出某一响应变量所对应的期望值。

$$d_j = \begin{cases} 0 & Y_j \leqslant \min f_j \text{ and } 0 < d_j < 1 \\ \left[\dfrac{Y_j - \min f_i}{\max f_j - \min f_j}\right]^{wt_j} & \min f_j < Y_j < \max f_j \\ 1 & Y_j \geqslant \max f_j \end{cases} \tag{5.6}$$

$$d_j = \begin{cases} 0 & Y_j \leqslant \min f_j \text{ and } 0 < d_j < 1 \\ \left[\dfrac{\max f_j - Y_j}{\max f_j - \min f_j}\right]^{wt_j} & \min f_j < Y_j < \max f_j \\ 1 & Y_j \geqslant \max f_j \end{cases} \tag{5.7}$$

式中,d_j、Y_j、$\min f_j$ 和 $\max f_j$ 分别是优化过程中所包含的第 j 个响应变量的期望函数、拟合值以及实际最小值和实际最大值,而 wt_j 是第 j 个响应变量的加权因子。

$$D = (d_1 \times d_2 \times d_3 \times \cdots \times d_n)^{\frac{1}{n}} \tag{5.8}$$

式中,n 是优化过程中所包含的响应变量的个数,如果任何单个响应变量的期望函数值超出其期望值范围,则整个期望函数为 0。

5.1.3 多准则优化分析

结合课题相关的试验研究,根据试验中所得数据与试验过程中使用的原材料成本,通过多准则优化进行分析。不同性能指标的评判标准不一,需要定义统一的多准则评判标准,而自变量与因变量的关系则影响参数和评判标准的确定。本章研究分析了玻璃纤维再生混凝土试块抗压强度、抗渗高度与经济成本之间的关系,从经济成本角度分析得出最佳试块型号和最佳纤维掺量。以抗压强度、抗渗高度和经济成本为期望函数的影响因素,建立期望函数模型后进一步计算得出单个试块期望值,通过比较试块总体期望值判断最优试块选择。由于抗压强度与试块受压性能呈正相关关系,而抗渗高度与试块抗渗性能呈负相关关系,所以需要定义统一的评判标准。对此,将数据进行归一化处理以同种评判标准分析变量对整体试验结果的影响,从而得到准确的分析结果。数据归一化后得到的数值 d_{ji} 的取值范围(0,1)。数值越小而效果越优的性能指标根据式(5.9)进行归一化计算,而数值越大效果越优的性能指标根据式(5.10)进行归一化计算。在计算出每一个变量的期望值后,根据式(5.11)计算出每一组试块的总期望值。根据总期望值的大小判断试验最优组合。

$$d_{j1} = \left[\frac{Y_j - \min f_j}{\max f_j - \min f_j} \right]^{t_j} \qquad (5.9)$$

$$d_{j2} = \left[\frac{\min f_j - Y_j}{\max f_j - \min f_j} \right]^{t_j} \qquad (5.10)$$

$$D = (d_1 \times d_2 \times d_3 \times \cdots \times d_m)^{\frac{1}{m}} \qquad (5.11)$$

式中,d_{j1} 与 d_{j2} 表示单独一个试块归一化处理后的数值;Y_j 表示某一性能指标的数值;$\min f_j$ 和 $\max f_j$ 分别表示一组中试块某一性能指标的最大值和最小值;t_j 表示变量之间的权重,由于本章中的自变量具有相同的重要性,所以这里取值为 1;m 为优化过程中的准则个数,本章中的准则个数为抗压强度和抗渗高度,所以 m 取 2;D 表示总期望值。

5.2 蒸汽养护玻璃纤维再生混凝土多准则分析

材料成本见表5.1。根据材料成本计算出每种材料的成本和每个试块的成本,抗压试块和抗渗试块的单个试块成本如图5.1和图5.2所示。由于 K/S-RC 试块的再生骨料成本和纤维含量均为 0,所以期望总值为 0。从图中成本对于总期望值的影响可以看出,对于成本较高的试块,其总体期望值较低。在抗压试块和抗渗试块中,总期望值最高的是 K/S-BRC-1.0,表明玻璃纤维对于试块抗压强度和抗渗性能的改善情况与成本之间有一定的正相关关系。纤维掺入过多会导致成本过高,对于性能的改善幅度表现为负相关的关系,由于试块的配合比成本相同,所以纤维成本为主要影响因素。总体来看,玻璃纤维的成本相差不大,性能指标的期望值随着纤维成本投入加大而增大,对总体性能的改善情况效果最佳。当纤维掺量为 1.5% 时,其总期望值较 1.0% 时要小,且所需成本更大。所以,从纤维对试块性能指标的改善情况和成本效益变化情况来看,可以得出 1.0% 的玻璃纤维是提高试块抗压强度和抗渗性能的最合理的掺量。

表 5.1　材料单价　　　　　　　　　　单位:元/kg

水泥	水	砂	天然骨料	再生骨料	玻璃纤维
0.6	0.002	0.343	0.343	0	8

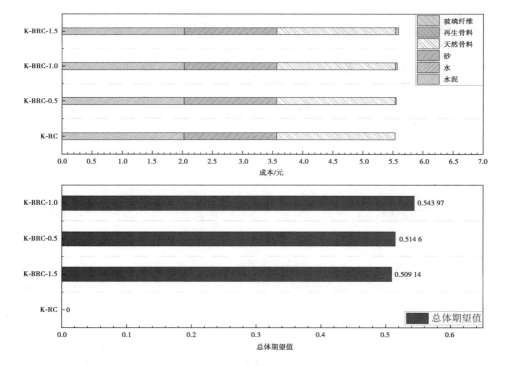

图 5.1　抗压试块的成本和总体期望值

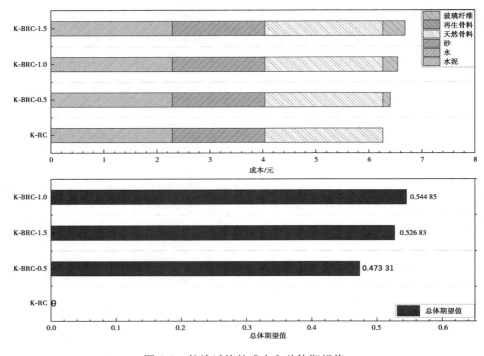

图 5.2　抗渗试块的成本和总体期望值

5.3　特殊环境下玻璃纤维再生混凝土多准则分析

　　材料成本见表 5.2。根据材料成本计算出每种材料的成本和每个试块的成本,抗压试块和抗渗试块的单个试块的成本和总体期望值如图 5.3、图 5.4、图 5.5 和图 5.6 所示。从图中成本对于总期望值的影响可以看出,碱性环境、干湿循环环境和冻融环境下的混凝土原材料成本一致,差别在于玻璃纤维掺量的不同而影响不同试块的成本价格。由于再生骨料替代率均为 25%,所以水泥、水、砂、天然骨料、粉煤灰和减水剂的用量均相同,具有相同成本。另一方面,由于试块在不同环境侵蚀下会产生一定的损伤,导致试块的抗压强度和渗透高度受到环境侵蚀的影响。从抗压试块和抗渗试块的成本和总体期望值中可以看出,当侵蚀龄期较大(为 150 d)时,其期望值总体要低于侵蚀龄期较短的试块,由于侵蚀龄期较长,试块性能受到环境的劣化影响较大。总体来看,不同环境对玻璃纤维再生混凝土试块性能的损伤由小到大排序依次是:常温室内普通环境、干湿循环环境、碱性环境和冻融循环环境。

表 5.2　材料单价　　　　　　　　　　单位:元/kg

水泥	水	砂	天然骨料	再生骨料	粉煤灰	减水剂
0.6	0.002	0.343	0.343	0	6	20

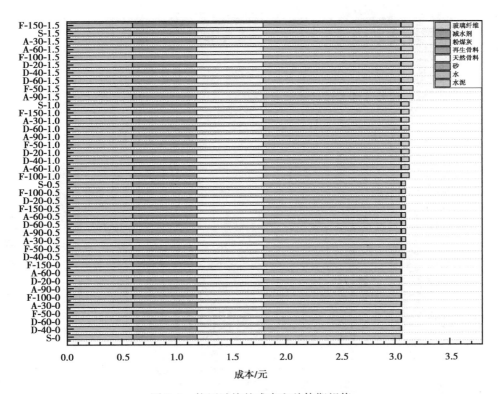

图 5.3　抗压试块的成本和总体期望值

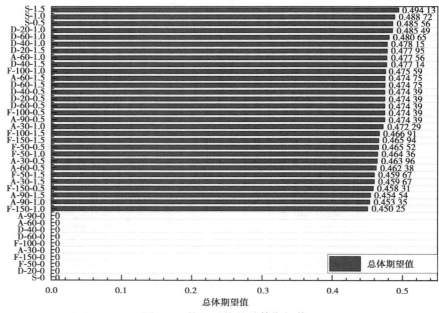

图 5.4 抗压试块的总体期望值

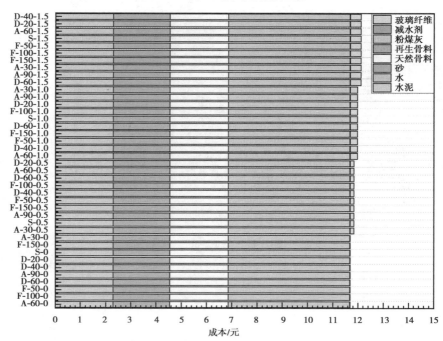

图 5.5 抗渗试块的成本和总体期望值

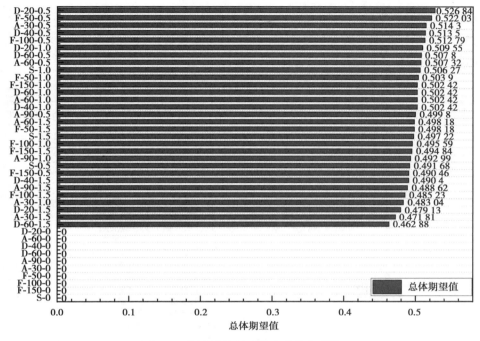

图 5.6 抗渗试块的成本和总体期望值

5.4 玻璃纤维再生混凝土在分散剂影响下的多准则分析

材料成本见表 5.3。根据材料成本计算出每种材料的成本和每个试块的成本,抗压试块和抗渗试块的单个试块成本如图 5.7 和图 5.8 所示。从图中成本对于总期望值的影响可以看出,混凝土试块成本的原材料差异在于天然骨料和分散剂,再生骨料替代率依次为 0%、15%、25% 和 35%,导致天然骨料的使用量和价格不同。而三种分散剂的价格也有所差异,从而影响玻璃纤维再生混凝土试块的成本价格。将试块抗压强度与渗透高度与试块成本相结合,以总期望值的形式表示指标之间的关系。从图中可以看出,分散剂 B193 对于试块抗压强度和渗透高度的影响情况要优于其他两种分散剂,试块编号为 B-0.5-25 的总体要优于试块编号为 C-0.5-15 的总体期望值,说明再生骨料替代率虽然是影响因素之一,但是选择合适的分散剂,能弥补再生骨料强度的弱化效应。而分散剂 S-3101B 改善效果较差,所以对于三种分散剂增强玻璃纤维再生混凝土性能的影响幅度排序依次是 B193、CMC、S-3101B。

表 5.3　材料单价　　　　　　　　　　单位:元/kg

水泥	水	砂	天然骨料	再生骨料	B193 分散剂	CMC 分散剂	S-3101B 分散剂
0.6	0.002	0.343	0.343	0	136	5.6	144

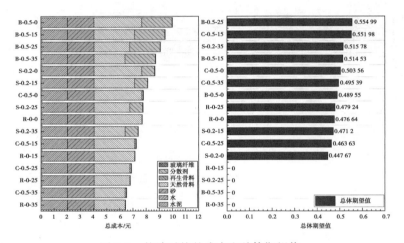

图 5.7　抗渗试块的成本和总体期望值

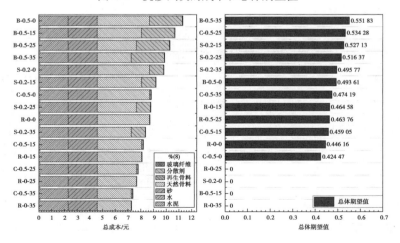

图 5.8　抗渗试块的成本和总体期望值

5.5　本章小结

本章探究蒸汽养护、特殊环境作用(碱性、干湿循环、冻融循环)、不同分散剂(B193、S-3101B、CMC)对玻璃纤维再生混凝土抗压强度和渗透高度的影响。本章从经济效益角度对玻璃纤维再生混凝土进行多准则优化分析,将抗压强度、渗透高度和经济成本相结合,以总体期望值评判玻璃纤维再生混凝土在蒸汽养护、特殊环境作用(碱性、干湿循环、冻融循环)、不同分散剂(B193、S-3101B、CMC)作用下经济效益的情况。主要结论如下:

(1)蒸汽养护再生混凝土在玻璃纤维增强作用下其抗压强度和抗渗性均得到改善,混凝土试块的成本取决于玻璃纤维的使用量,结合混凝土试块抗压强度和渗透高度发现当玻璃纤维掺量为1.0%时其改善效果最好且成本较合理。

(2)玻璃纤维再生混凝土在特殊环境侵蚀下其抗压强度和渗透高度出现降低趋势,不同环境下的混凝土试块原材料一致,唯一不同的是玻璃纤维用量。在碱性环境、干湿循环和冻融环境下,当玻璃纤维掺量为1.0%时其性能改善情况效果最好,当玻璃纤维掺量为0.5%时其总体期望值最高。由于玻璃纤维以较小的成本能达到更好的效果,为了达到实际工程安全需求,玻璃纤维掺量为10%时最优。

(3)三种分散剂(B193、S-3101B、CMC)对玻璃纤维再生混凝土性能的改善中,分散剂B193的改善效果最好,结合总体期望值来看,B193在性能和成本方面较优。不同再生骨料替代率会影响总体期望值的判断,需要根据再生骨料替代率的情况,分散剂CMC在再生骨料替代率为15%时要优于替代率为35%的B193试块。总体来说,当再生骨料替代率一定时,分散剂B193的改善效果和经济效益最优。

第6章　玻璃纤维再生混凝土损伤衰减模型

6.1　引　言

特殊环境长期对混凝土结构作用会影响其结构耐久性,最终导致混凝土结构提前破坏或失效。玻璃纤维的掺入,能够在一定程度上改善特殊环境对再生混凝土的影响。本章旨在阐明玻璃纤维再生混凝土在特殊环境下的损伤衰减规律,建立质量损伤衰减模型、双参数下的抗压强度衰减模型,基于 Weibull 分布模型建立玻璃纤维再生混凝土在冻融损坏作用下的损伤衰减模型,并根据特殊环境对玻璃纤维再生混凝土的损伤进行寿命预测。

6.2　质量损伤衰减模型

6.2.1　基于碱性环境作用下的质量损伤衰减模型

表 6.1　不同碱性作用时间下的各试件质量损失率

碱性作用时间/d	0	10	20	30	40	50	60	70	80	90
GF0	0	0.063	0.084	0.137	0.211	0.453	0.685	0.896	1.170	1.307
GF0.5	0	0.054	0.075	0.129	0.193	0.386	0.546	0.739	0.889	0.964
GF1.0	0	0.032	0.043	0.076	0.152	0.195	0.325	0.455	0.520	0.649
GF1.5	0	0.043	0.065	0.108	0.173	0.249	0.443	0.617	0.736	0.844

1）指数函数模型

$$\Delta W_n = a e^{bn} \tag{6.1}$$

式中　a，b——质量损伤衰减系数；

　　　n——碱性环境作用时间；

　　　ΔW_n——质量损失率，%。

对表 6.1 中各试件的质量损失率进行指数函数线性回归分析,所得碱性环境作用下质量损失指数函数模型参数见表 6.2,回归曲线如图 6.1 所示。

表 6.2　碱性环境作用下质量损失指数函数模型参数

编码	系数 a	系数 b	R^2
GF0	0.092 12	0.030 56	0.950 14
GF0.5	0.085 39	0.028 22	0.935 13
GF1.0	0.046 38	0.030 03	0.962 18
GF1.5	0.062 82	0.029 91	0.951 39

2）一元二次函数模型

$$\Delta W_n = a n^2 + b n + c \tag{6.2}$$

式中　a，b，c——质量损伤衰减系数；

　　　n——碱性环境作用时间；

　　　ΔW_n——质量损失率，%。

对表 6.1 中各试件质量损失率进行一元二次函数线性回归,得到模型参数及相关系数 R^2 见表 6.3,回归曲线如图 6.2 所示。

表 6.3　碱性环境作用下质量损失一元二次函数模型参数

编码	系数 a	系数 b	系数 c	R^2
GF0	0.000 195 318	0.001 09	−0.002 53	0.985 03
GF0.5	0.000 095 265 2	0.003 11	−0.014 14	0.978 17
GF1.0	0.000 072 310 6	0.000 829 621	0.001 28	0.990 64
GF1.5	0.000 098 447	0.001 01	0.001 72	0.983 67

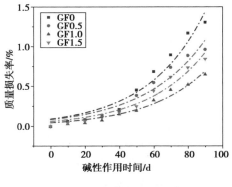 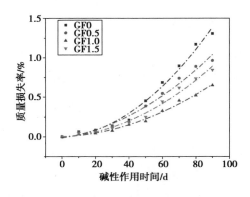

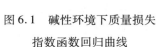

图 6.1　碱性环境下质量损失　　　　　图 6.2　碱性环境下质量损失
指数函数回归曲线　　　　　　　　一元二次回归曲线

对比表 6.2 和表 6.3 可知,一元二次函数模型能够较好地反映出碱性环境作用下质量损失率与碱性环境作用时间 n 的关系,模型的相关系数 R^2 均较高,各试件质量损失率 ΔW_n 试验值都较为均匀地分布在拟合曲线上,故建议采用一元二次函数模型描绘玻璃纤维再生混凝土在碱性环境下的质量损失衰减。但是,该函数不能满足碱性环境作用时间为 $n=0$、质量损失率为 $\Delta W_n=0$ 的边界条件,因此采用分段函数对其进行改进,如式(6.3)所示。

$$\Delta W_n = \begin{cases} 0, n=0 \\ an^2+bn+c, n\neq0 \end{cases} \tag{6.3}$$

6.2.2　基于干湿循环作用下的质量损伤衰减模型

表 6.4　不同干湿循环次数下的各试件质量损失率

干湿循环/次	0	5	10	15	20	25	30	35	40	45	50	55	60
GF0	0	0	0.055	0.110	0.187	0.264	0.352	0.484	0.616	0.847	1.056	1.286	1.451
GF0.5	0	0	0.033	0.078	0.144	0.199	0.255	0.343	0.465	0.632	0.798	0.975	1.152
GF1.0	0	0	0.021	0.054	0.064	0.118	0.118	0.161	0.269	0.451	0.580	0.773	0.956
GF1.5	0	0	0.022	0.066	0.109	0.153	0.197	0.252	0.372	0.536	0.679	0.832	1.018

1）指数函数模型

对表 6.4 中各试件的质量损失率按式（6.1）进行指数函数线性回归分析，所得干湿循环作用下质量损失指数函数模型参数见表 6.5，回归曲线如图 6.3 所示。

表 6.5　干湿循环作用下质量损失指数函数模型参数

编码	系数 a	系数 b	R^2
GF0	0.084 00	0.048 82	0.975 71
GF0.5	0.057 80	0.050 88	0.982 17
GF1.0	0.023 41	0.062 66	0.985 93
GF1.5	0.041 42	0.054 21	0.985 05

2）一元二次函数模型

对表 6.4 中各试件质量损失率按式（6.2）进行一元二次函数线性回归，得到模型参数及相关系数 R^2，见表 6.6，回归曲线如图 6.4 所示。

表 6.6　干湿循环作用下质量损失一元二次函数模型参数

编码	系数 a	系数 b	系数 c	R^2
GF0	0.000 416 044	−0.000 315 385	0.005 41	0.997 12
GF0.5	0.000 349 151	−0.001 94	0.012 18	0.997 39
GF1.0	0.000 391 668	−0.008 69	0.045 22	0.983 39
GF1.5	0.000 341 798	−0.004 10	0.021 60	0.994 48

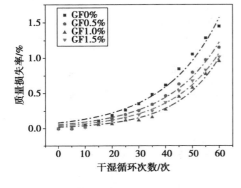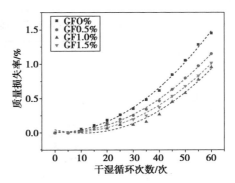

图 6.3　干湿循环作用下指数函数回归曲线　图 6.4　干湿循环作用下一元二次函数回归曲线

对比表6.5和表6.6可知,一元二次函数模型能够较好地反映出干湿循环作用下质量损失率与干湿循环次数 n 的关系,模型的相关系数 R^2 均较高,各试件质量损失率 ΔW_n 试验值都较为均匀地分布在拟合曲线上,故建议采用一元二次函数模型描绘玻璃纤维再生混凝土在干湿循环作用下的质量损失衰减。但是,该函数不能满足干湿循环作用时间为 $n=0$、质量损失率为 $\Delta W_n=0$ 的边界条件,因此采用式(6.3)分段函数对其进行改进。

6.2.3 基于冻融循环作用下的质量损伤衰减模型

表6.7 不同冻融循环次数下的各试件质量损失率

冻融循环次数/次	0	25	50	75	100	125	150
GF0	0	0.262	0.566	0.807	1.205	2.212	3.228
GF0.5	0	0.178	0.430	0.588	0.976	1.858	2.823
GF1.0	0	0.115	0.214	0.356	0.608	1.310	2.128
GF1.5	0	0.114	0.280	0.436	0.696	1.682	2.503

1)指数函数模型

对表6.7中各试件的质量损失率按式(6.1)进行指数函数线性回归分析,所得冻融循环作用各玻璃纤维掺量下指数函数模型参数见表6.8,回归曲线如图6.5所示。

表6.8 冻融循环作用下质量损失指数函数模型参数

编码	系数 a	系数 b	R^2
GF0	0.192 87	0.018 92	0.988 08
GF0.5	0.132 61	0.020 51	0.990 7
GF1.0	0.064 73	0.023 39	0.993 07
GF1.5	0.085 58	0.022 7	0.981 12

2）一元二次函数模型

对表 6.7 中各试件质量损失率按式（6.2）进行一元二次函数线性回归，得到模型参数及相关系数 R^2 见表 6.9，回归曲线如图 6.6 所示。

表 6.9 冻融循环作用下质量损失一元二次函数模型参数

编码	系数 a	系数 b	系数 c	R^2
GF0	0.000 144 743	−0.001 39	0.111 29	0.981 48
GF0.5	0.000 143 714	−0.003 88	0.102 21	0.980 66
GF1.0	0.000 128 571	−0.006 19	0.095 36	0.977 9
GF1.5	0.000 143 9	−0.006 61	0.097 6	0.971 48

3）反比例函数模型

王晨霞[158]根据试验数据建立再生混凝土质量衰减损伤模型如式（6.4）。本章依据表 6.7 中各试件质量损失率按式（6.4）进行线性回归，得到模型参数及相关系数见表 6.10，回归曲线如图 6.7 所示。

$$\Delta W_n = \frac{1}{a+bn} \tag{6.4}$$

表 6.10 冻融循环作用下质量损失反比例函数模型参数

编码	系数 a	系数 b	R^2
GF0	201.997 4	−1.147	0.904 86
GF0.5	254.177 76	−1.465 41	0.909 02
GF1.0	395.008 71	−2.327 75	0.915 96
GF1.5	361.658 08	−1.852 92	0.890 23

对比表 6.8、表 6.9 和表 6.10 可知，指数函数模型能够较好地反映出冻融循环作用下质量损失率与冻融循环次数 n 的关系，模型的相关系数 R^2 均较高，各试件质量损失率 ΔW_n 试验值都较为均匀地分布在拟合曲线上，故建议采用指数函数模型描绘玻璃纤维再生混凝土在冻融循环作用下的质量损失衰减。

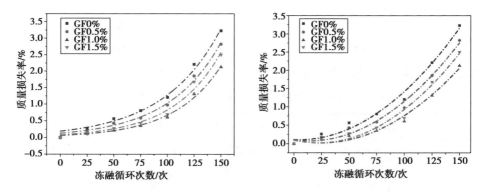

图 6.5 冻融循环作用下指数函数回归曲线 图 6.6 冻融循环作用下一元二次函数回归曲线

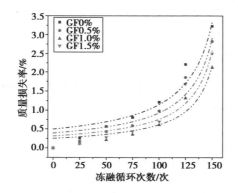

图 6.7 冻融循环作用下反比例函数回归曲线

6.3 抗压强度损伤衰减模型

对特殊环境作用后的玻璃纤维再生混凝土试件按式(6.5)进行立方体抗压强度损失率的计算。

$$\Delta f_{c(n)} = \frac{f_{c,0} - f_{c,n}}{f_{c,0}} \times 100\% \qquad (6.5)$$

式中,$\Delta f_{c(n)}$ 为 n 天(次)特殊环境作用后抗压强度损失率,%;$f_{c,0}$ 为特殊环境作用前玻璃纤维再生混凝土 28 d 的抗压强度值,MPa;$f_{c,n}$ 为特殊环境作用后 n 天(次)后玻璃纤维再生混凝土的抗压强度值,MPa。

　　为使建立的模型能够描绘不同掺量下的玻璃纤维再生混凝土在不同特殊环境作用时间（次数）下的抗压强度损伤情况。本章设特殊环境作用时间（次数）为 x，纤维掺量为 y，并且 x、y 之间相互独立，抗压强度损失变量为 $f(x,y)$，在现有试验数据的基础上，建立基于双自变量 x、y 下的损伤模型 $f(x,y)$。

6.3.1　基于玻璃纤维掺量及碱性作用时间下的抗压强度损伤衰减模型

表 6.11　不同碱性环境作用时间下的各试件抗压强度损失率

碱性作用时间/d	0	30	60	90
GF0	0	4.65	9.30	17.12
GF0.5	0	4.02	9.84	17.07
GF1.0	0	7.60	12.36	14.64
GF1.5	0	7.34	12.74	16.80

　　根据表 6.11 中试验数据，基于碱性环境作用时间和玻璃纤维掺量，建立损伤模型 $f(x,y)$ 如式（6.6）所示。

$$f(x,y) = z_0 + a\,\exp\left\{-\frac{x}{b} - \frac{y}{c}\right\} \tag{6.6}$$

式中，z_0，a，b 及 c 均为待定参数。

表 6.12　碱性环境作用下抗压强度损伤衰减模型双自变量各项参数

系数 z_0	系数 a	系数 b	系数 c	R^2
107.493 73	−108.321 12	5 466.541 78	93.537 28	0.963 62

　　由表 6.12 和图 6.8 可以看出，双自变量的碱性环境下抗压强度损伤模型相关系数较高，为 0.963 62，拟合曲面与 $f(x,y)$ 试验值之间能够较好地吻合。故认为可以采用该模型进行碱性环境作用下玻璃纤维再生混凝土的抗压强度衰减的计算。

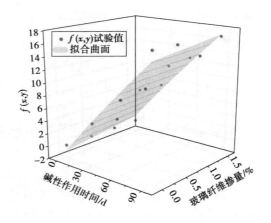

图6.8　碱性环境下多元非线性函数拟合曲面

6.3.2　基于玻璃纤维掺量及干湿循环次数下的抗压强度损伤衰减模型

表6.13　不同干湿循环次数下的各试件抗压强度损失率

干湿循环次数/次	0	20	40	60
GF0	0	8.88	9.73	15.64
GF0.5	0	4.82	7.43	12.45
GF1.0	0	2.85	5.51	9.51
GF1.5	0	3.86	5.98	11.58

根据表6.13中试验数据,基于干湿循环作用次数和玻璃纤维掺量,建立损伤模型 $f(x,y)$ 如式(6.7)所示。

$$f(x,y) = z_0 + ax + by + cy^2 + dxy \qquad (6.7)$$

式中,z_0,a,b,c 及 d 均为待定参数。

表6.14　干湿循环作用下抗压强度损伤衰减模型双自变量各项参数

系数 z_0	系数 a	系数 b	系数 c	系数 d	R^2
2.824	0.193 6	−7.178 5	0.000 018 75	3.275	0.915 94

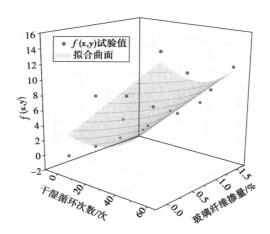

图 6.9　干湿循环作用下多元非线性函数拟合曲面

由表 6.14 和图 6.9 可以看出,双自变量的干湿循环作用下抗压强度损伤模型相关系数较高,为 0.915 94,拟合曲面与 $f(x,y)$ 试验值之间能够较好地吻合。故认为可以采用该模型进行干湿循环作用下玻璃纤维再生混凝土抗压强度衰减的计算。

6.3.3　基于玻璃纤维掺量及冻融循环次数下的抗压强度损伤衰减模型

表 6.15　不同冻融循环次数下的各试件抗压强度损失率

冻融循环次数/次	0	50	100	150
GF0	0	17.12	25.37	40.59
GF0.5	0	15.06	23.41	38.96
GF1.0	0	12.74	22.43	35.17
GF1.5	0	13.13	23.17	36.10

根据表 6.15 中试验数据,基于冻融循环作用次数和玻璃纤维掺量,建立损伤模型 $f(x,y)$ 如式(6.8)所示。

$$f(x,y) = z_0 + ax + by + cx^2 + dy^2 + exy \qquad (6.8)$$

式中，z_0，a，b，c，d 及 e 均为待定参数。

表 6.16　冻融循环作用下抗压强度损伤衰减模型双自变量各项参数

系数 z_0	系数 a	系数 b	系数 c	系数 d	系数 e	R^2
1.458 05	0.263 95	−0.349 565	−0.000 040 25	1.927 5	−0.018 03	0.985 36

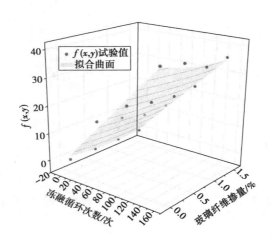

图 6.10　冻融循环作用下多元非线性函数拟合曲面

　　由表 6.16 和图 6.10 可以看出，双自变量的冻融循环作用下抗压强度损伤模型相关系数较高，为 0.985 36，拟合曲面与 $f(x,y)$ 试验值之间能够较好地吻合。故认为可以采用该模型进行冻融循环作用下玻璃纤维再生混凝土抗压强度衰减的计算。

6.4　玻璃纤维再生混凝土冻融损伤模型

6.4.1　基于 Weibull 分布模型下的玻璃纤维再生混凝土动弹性模量衰减模型

　　动弹性模量可以反映玻璃纤维再生混凝土在冻融循环作用后的内部结构情况，因此根据损伤力学理论，将玻璃纤维再生混凝土在冻融循环作用下的动

弹性损伤量 D_n 定义为：

$$D_n = 1 - \frac{E_{dn}}{E_{d0}} \qquad (6.9)$$

式中 D_n——经过 n 次冻融循环后的玻璃纤维再生混凝土动弹性损伤量；

$\quad\quad E_{dn}$——试件经过 n 次冻融循环后的动弹性模量，GPa；

$\quad\quad E_{d0}$——试件冻融前的初始动弹性模量，GPa。

根据试验所得各玻璃纤维掺量的再生混凝土试件动弹性模量及式(6.9)可计算各试件在不同冻融循环次数下的损伤量 D_n，计算结果见表6.17。

表6.17 不同冻融循环次数下的各试件动弹性损伤量

冻融循环次数/次	0	25	50	75	100	125	150
GF0	0	0.07	0.14	0.18	0.24	0.33	0.38
GF0.5	0	0.07	0.12	0.15	0.21	0.30	0.36
GF1.0	0	0.05	0.09	0.12	0.17	0.27	0.31
GF1.5	0	0.05	0.10	0.14	0.18	0.30	0.34

Weibull 分布模型是一种随机分布的函数模型，试验[159][160][161] 证明 Weibull 分布可以应用于混凝土冻融循环寿命预测。因此，本研究选用该模型来建立玻璃纤维再生混凝土在冻融循环作用下的动弹性模量损伤衰减模型。

根据二参数 Weibull 分布模型可假设 $f(n)$ 表示冻融循环 n 次的密度函数，如式(6.10)所示：

$$f(n) = \frac{\beta}{\eta} \left(\frac{n}{\eta} \right)^{\beta-1} \exp \left[-\left(\frac{n}{\eta} \right)^{\beta} \right] \qquad (6.10)$$

式中 β——Weibull 形状系数；

$\quad\quad \eta$——尺寸参数。

对上式进行积分，得出相应的失效概率函数如式(6.11)所示：

$$F(n) = 1 - \exp \left[-\left(\frac{n}{\eta} \right)^{\beta} \right] \qquad (6.11)$$

进而得出玻璃纤维再生混凝土冻融循环 n 次后的失效概率表达式如式(6.12)所示：

$$P_f(n) = 1 - \exp\left[-\left(\frac{n}{\eta}\right)^\beta\right] \tag{6.12}$$

由式(6.12)可知,Weibull 分布函数的失效概率函数是一个递增的函数,即当玻璃纤维再生混凝土循环次数 n 上升,失效概率也随之增加。失效概率 $P_f(n) = 1$ 时的冻融循环次数 N 即为试件冻融损伤破坏失效的次数。假定玻璃纤维再生混凝土经过 n 次冻融循环作用后,试件的失效概率为 $P_f(n)$,损伤变量为 $D(n)$。当 $n = N$ 时,玻璃纤维再生混凝土发生冻融循环破坏失效,此时 $P_f(n) = 1$,$D(n) = 1$,因此对玻璃纤维再生混凝土失效概率和损伤变量做等效处理,即 $P_f(n) = D(n)$。

故可以将 $D(n)$ 表示为:

$$D(n) = 1 - \exp\left[-\left(\frac{n}{\eta}\right)^\beta\right] \tag{6.13}$$

为方便计算,对式(6.13)两端做恒等式变换,得:

$$\frac{1}{1 - D(n)} = \exp\left(\frac{n}{\eta}\right)^\beta \tag{6.14}$$

对式(6.14)两边取对数,得:

$$\ln\left(\ln\frac{1}{1 - D(n)}\right) = \beta \ln\frac{1}{\eta} + \beta \ln(n) \tag{6.15}$$

设 $y = \ln\left(\ln\frac{1}{1 - D(n)}\right)$,$x = \ln(n)$,$a = \beta$,$b = \beta \ln\left(\frac{1}{\eta}\right)$,则得:

$$y = ax + b \tag{6.16}$$

根据试验所得损伤量 D_n 计算 x 和 y,并对 x,y 进行线性回归,得到各玻璃纤维掺量下的再生混凝土的参数见表6.18,拟合曲线如图6.11 所示。

表6.18　冻融循环下的动弹性模量损伤拟合参数

编号	a	b	R^2
GF0	1.027 62	−5.935 84	0.984 14
GF0.5	1.026 5	−6.079 49	0.965 43
GF1.0	1.126 78	−6.727 53	0.966
GF1.5	1.108 15	−6.542 58	0.954 83

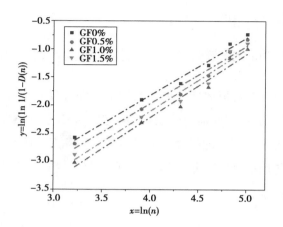

图 6.11　冻融循环作用下动弹性模量损伤拟合曲线

根据表 6.18 中各试件 a、b 值可以求出 β 和 η，从而得到在 Weibull 分布下的玻璃纤维再生混凝土冻融损伤模型，模型表达式如式（6.17）所示，各项系数见表 6.19。

$$D(n) = 1 - \exp\left[-\left(\frac{n}{\eta}\right)^{\beta}\right] \qquad (6.17)$$

式中　β——Weibull 形状系数；

　　　η——尺寸参数。

表 6.19　冻融循环下 Weibull 分布模型各项参数

编号	β	η
GF0	1.027 62	322.563 053 5
GF0.5	1.026 5	373.468 952 7
GF1.0	1.126 78	391.732 763 9
GF1.5	1.108 15	366.521 180 2

由表 6.18 可知，基于 Weibull 分布下玻璃纤维再生混凝土动弹性模量冻融损伤模型的相关系数 R^2 均在 0.95 以上。该模型在满足玻璃纤维再生混凝土冻融损伤随机性的同时，也满足了当冻融循环次数 $n = 0$ 时，动弹性损伤量 $D_n = 0$ 的边界条件。因此，建议采用该模型描绘玻璃纤维再生混凝土在冻融循环作

用下的动弹性模量衰减情况。

6.4.2 基于 Weibull 分布模型下的再生混凝土寿命预测

本研究采用快冻法对玻璃纤维再生混凝土试件进行冻融循环,试验数据都是经过加速试验得到的,因此需要采用数学模型法结合加速试验法对实际环境中的服役状态下再生混凝土进行寿命预测。李金玉等人的研究[162]明确了服役状态下混凝土的使用寿命 t 与快速冻融循环的次数 n 之间的关系为:

$$t = \frac{kn}{M} \tag{6.18}$$

式中 t——结构服役寿命;

k——冻融试验系数,一般取 12;

n——室内快速冻融循环次数;

M——混凝土结构实际环境这一年可能经受的冻融循环次数。

李金玉对我国长春、北京、西宁和宜昌四个有代表性的地区 50 年来可能产生的冻融循环进行统计分析,得出我国不同区域可能出现的年平均冻融循环次数见表 6.20。

表 6.20 我国不同区域可能出现的年平均冻融循环次数

区域(代表性地区)	年平均冻融循环次数(次/年)
东北地区(长春)	120
华北地区(北京)	84
西北地区(西宁)	118
华中地区(宜昌)	18
华东地区	18 ~ 84

根据 Weibull 分布损伤模型计算出各组玻璃纤维再生混凝土动弹性模型损失率 $D_n = 40\%$ 时冻融循环次数 n,并根据式(6.18)对各地区玻璃纤维再生混凝土寿命进行预测,M 按表 6.20 取值,预测结果见表 6.21。

表 6.21 玻璃纤维再生混凝土抗冻寿命预测

单位:年

区域	掺量			
	0	0.5%	1.0%	1.5%
东北地区	17	19	22	20
华北地区	24	28	31	29
西北地区	17	20	22	20
华中地区	112	129	149	133
华东地区	24~112	18~129	31~149	29~133

由表 6.21 可知,随着玻璃纤维掺量的增加,再生混凝土寿命逐渐提高,且玻璃纤维掺量达到 1.0% 时玻璃纤维再生混凝土在各地区中寿命最大。建议工程采用 25% 替代率的再生混凝土结构时,掺入体积率为 1.0% 的玻璃纤维。

6.5　本章小结

本章基于特殊环境作用下玻璃纤维再生混凝土试验数据,建立特殊环境作用下损伤衰减模型,并对冻融循环作用下玻璃纤维再生混凝土进行寿命预测,得到主要结论如下:

(1)基于特殊环境作用下玻璃纤维再生混凝土试件质量损失率,建立质量损伤衰减模型,更好地反映了特殊环境作用下质量损失率与特殊环境作用时间(次数)n 的关系。经过对比,一元二次函数模型的相关系数 R^2 均较高,为更好反映特殊环境作用下质量损失率,采用分段函数对其进行改进。

(2)基于特殊环境作用下玻璃纤维再生混凝土抗压强度损失率,建立的模型能够描绘不同掺量下的玻璃纤维再生混凝土在不同特殊环境作用时间(次数)下的抗压强度损伤情况的双自变量抗压强度损伤衰减模型。

(3)基于 Weibull 分布建立玻璃纤维再生混凝土动弹性模量冻融损伤模型,并根据不同地区年平均冻融循环次数对玻璃纤维再生混凝土进行寿命预测。

第7章 GFRP筋玻璃纤维再生混凝土梁受弯性能研究

7.1 引 言

　　将废弃建筑材料进行再生利用,对节约土地资源、提高企业的经济效益具有重要意义,因此,将废弃混凝土回收利用形成再生混凝土被证明是可行的。再生混凝土存在抗压强度低、脆性大、孔隙率大等不足,且蒸养技术造成混凝土内部孔隙率增大、碱性增强等,导致再生混凝土结构的使用寿命受到制约。研究表明,为了从根本上解决蒸养过程中钢筋易腐蚀的问题,采用GFRP筋替代钢筋应用于混凝土结构中是可行的。针对仅通过采用耐腐蚀性强的钢筋去提高蒸养再生混凝土构件使用寿命还远远不够的问题,试验结果证实掺入玻璃纤维可提高蒸养再生混凝土抗压性能及抗渗性能。梁构件为工程中常用构件,而目前对于蒸养GFRP筋玻璃纤维再生混凝土梁的研究较少,因此,本章对蒸养GFRP筋玻璃纤维再生混凝土梁受弯性能进行试验研究,分析其裂缝形态、开裂荷载与极限荷载值、梁的荷载-挠度、平截面假定、受拉GFRP筋应变的变化规律,为其运用于实际工程中提供理论参考。

7.2　试验设计

7.2.1　试件设计

试验梁尺寸均为 120 mm×200 mm×1 500 mm，保护层厚度为 20 mm，其中 GFRP 筋直径为 10 mm，普通钢筋直径为 14 mm，箍筋采用直径为 6 mm 的光圆钢筋，箍筋间距为 150 mm。考虑钢筋选用的合理性，本试验将 GFRP 筋作为受拉钢筋，普通钢筋作为受压钢筋，详细尺寸及配筋如图 7.1 所示。

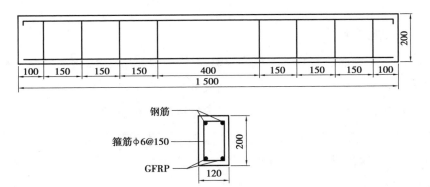

图 7.1　试件尺寸及配筋图

制作 3 组纤维体积率分别为 0.5%、1.0%、1.5% 的 GFRP 筋玻璃纤维再生混凝土梁（L-BRC），以及一组不含纤维的试验梁（L-RC）进行对照试验，每组试验梁同步制作 3 根，共 12 根。本试验所有试件再生粗骨料替代率均为 25%，再生混凝土强度等级为 C50，保护层厚度均为 20 mm，每组试件详细参数见表 7.1。

表 7.1　试验梁设计参数

试件编号	试件尺寸/mm	纤维体积率/%	蒸养温度/℃	混凝土强度	配筋率/%	再生混凝土粗骨料替代率/%
L-RC-0	120×200×1 500	0	60	C50	0.76	25

续表

试件编号	试件尺寸/mm	纤维体积率/%	蒸养温度/℃	混凝土强度	配筋率/%	再生混凝土粗骨料替代率/%
L-BRC-0.5	120×200×1 500	0.5	60	C50	0.76	25
L-BRC-1.0	120×200×1 500	1.0	60	C50	0.76	25
L-BRC-1.5	120×200×1 500	1.5	60	C50	0.76	25

注:L 代表梁,B 代表玻璃纤维,RC 代表再生混凝土。

7.2.2 试件制作及养护

1)粘贴应变片

本试验受拉钢筋为 GFRP 筋。GFRP 筋因自身材质特殊,表面凹凸不平,为保障所测得的应变数值的准确性,粘贴应变片前用砂纸反复打磨粘贴位置,直到 GFRP 筋表面光滑为止,打磨完毕用棉签蘸取酒精擦拭打磨位置去除杂质,取出应变片放置于应变片粘贴处,将 502 胶水滴于钢筋上,用针头赶出气泡使应变片与钢筋粘贴紧密。待胶水风干后,为防止应变片短路受潮,用纱布轻轻包裹应变片,将 AB 胶按一定比例搅拌均匀,直到混合物中没有气泡,将搅拌好的胶滴于纱布上,待 AB 胶风干后即形成一个封闭环境,能保证应变片在浇筑过程中不易短路和受潮,如图 7.2 所示。

图 7.2 预埋应变片

2）试件制作

本试验混凝土为纤维混凝土,为防止纤维在混凝土搅拌过程中分布不均匀,采用人工少量、多次均匀地将纤维撒入搅拌机中。试件浇筑前在模具中涂刷一层食用菜油,方便更好脱模。试件浇筑后使用振捣棒振捣密实,振捣时应注意避开应变片附近,最后用刮刀将试件表面处理平整,同时应注意将应变片导线引到模具外。浇筑完毕,静置 4 h 等待蒸汽养护,部分浇筑成型的试件如图7.3 所示。

图 7.3　浇筑成型的试件

试验中用篷布包裹住所有试验构件,防止蒸汽外泄影响蒸养效果,保证恒温养护温度为(60±5)℃。养护方式采用先蒸养再标养,蒸养过程中采用常温下静停 4 h、升温 4 h、恒温 8 h、降温 4 h(共 20 h),恒温温度(60±5)℃。蒸养过程中通过温度感应片监测混凝土内部蒸养温度,以此保证蒸养过程中混凝土内部温度为恒温(60±5)℃,蒸养结束后进行标养,达到规定龄期后进行试验。

7.2.3　试验方法

将混凝土应变片粘贴于试验梁一侧上中下三个位置,用于测试试验梁混凝土应变。试验前已在 GFRP 筋受拉一侧中部及两端二分之一处粘贴预埋应变片,用于测其钢筋应变。加载前主要在试验梁中部及两侧放置位移计,用于测量试验梁挠度。加载过程中,观察裂缝开展情况,当出现裂缝时停止加载,记录此时的荷载作为开裂荷载,试验梁达到极限抗压强度而破坏时的荷载为极限荷载。

试验梁采用四分点加载,并且严格按照《混凝土结构试验方法标准》(GB/T 50152—2012)中有关规定对试验梁进行分级加载,加载方式为荷载控制。本试验预估标准荷载约为 80 kN,试验梁出现裂缝之前,每级荷载为 5 kN;当出现裂缝并且荷载未达到使用荷载时,以每级荷载为 10 kN 进行加载;当达到使用荷载时,以每级荷载为 5 kN 进行缓慢加载,构件破坏时停止加载,图 7.4 为加载示意图。

图 7.4　试件加载图

7.3　玻璃纤维再生混凝土梁试验研究

7.3.1　试验梁破坏过程

1)试验梁 L-RC 试验现象及裂缝分布

选取 3 根相同试件中具有代表性的试件进行分析。试验梁 L-RC 为不含纤维的 GFRP 筋再生混凝土梁。加载过程中,试验梁经历了未裂阶段的弹性工作阶段、带裂缝工作阶段、钢筋屈服阶段、破坏阶段四个阶段。加载初期,荷载持续增加但未达到开裂荷载,试验梁没有明显变化。当荷载达到开裂荷载时,试验梁跨中首先出现竖向裂缝,荷载继续增加,裂缝向上延伸,同时弯剪段出现新的竖向裂缝,并随着荷载增加向上延伸。当荷载为 24 kN 时,此时主裂缝数量为 3 条,加载至 60 kN 时,主裂缝增加至 7 条,主裂缝周围细小裂缝分布较少。

图 7.5　试验梁 L-RC 试验现象及裂缝分布

2)试验梁 L-BRC-0.5 试验现象及裂缝分布

选取 3 根相同试件中具有代表性的试件进行分析。试验梁 L-BRC-0.5 为玻璃纤维体积率为 0.5% 的 GFRP 筋再生混凝土梁。加载过程中,玻璃纤维体积率为 0.5% 的试验梁与未掺入纤维试验梁相似,同样都经历了未裂阶段的弹性工作阶段、带裂缝工作阶段、钢筋屈服阶段、破坏阶段四个阶段。加载初期,荷载持续增加但未达到开裂荷载,试验梁没有明显变化。当荷载达到开裂荷载时,试验梁跨中右侧首先出现竖向裂缝,荷载继续增加,裂缝向上延伸,同时跨中左侧出现新的竖向裂缝。当荷载为 24 kN 时,主裂缝数量为 3 条,加载至 60 kN 时,主裂缝增加至 6 条,且主裂缝周围有细小裂缝分布。试验梁破坏时,试验梁左侧加载处的竖向裂缝从中部向下延伸出新的裂缝。与试验梁 L-RC 相比,试验梁 L-BRC-0.5 主裂缝数量减少 1 条。

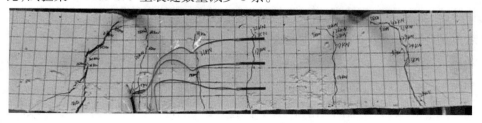

图 7.6　试验梁 L-BRC-0.5 试验现象及裂缝分布

3）试验梁 L-BRC-1.0 试验现象及裂缝分布

选取 3 根相同试件中具有代表性的试件进行分析。试验梁 L-BRC-1.0 为玻璃纤维体积率为 1.0% 的 GFRP 筋再生混凝土梁。加载过程中，玻璃纤维体积率为 1.0% 的试验梁与未掺入纤维试验梁相似，都经历了未裂阶段的弹性工作阶段、带裂缝工作阶段、钢筋屈服阶段、破坏阶段四个阶段。加载初期，荷载未达到开裂荷载时，试验梁没有明显变化。当荷载达到开裂荷载时，试验梁跨中左侧和右侧均出现竖向裂缝；荷载继续增加，裂缝向上延伸，跨中有新的竖向裂缝出现，且细小裂缝数量增加。当荷载为 24 kN 时，此时主裂缝数量为 2 条，加载至 60 kN 时，主裂缝增加至 4 条。当荷载即将达到开裂荷载时，主裂缝顶部产生横向裂缝，横向裂缝随着荷载增加而向外延伸。与试验梁 L-RC 相比，试验梁 L-BRC-1.0 主裂缝数量减少 3 条，与试验梁 L-BRC-0.5、L-BRC-1.5 相比，试验梁 L-BRC-1.0 主裂缝数量分别减少 1 条和 2 条。

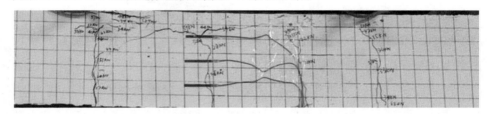

图 7.7　试验梁 L-BRC-1.0 试验现象及裂缝分布

4）L-BRC-1.5 试验梁实验现象及裂缝分布

选取 3 根相同试件中具有代表性的试件进行分析。试验梁 L-BRC-1.5 为玻璃纤维体积率为 1.5% 的 GFRP 筋再生混凝土梁。加载过程中，玻璃纤维体积率为 1.5% 的试验梁与未掺入纤维试验梁相似，都经历了未裂阶段的弹性工作阶段、带裂缝工作阶段、钢筋屈服阶段、破坏阶段四个阶段。加载初期，荷载未达到开裂荷载，试验梁没有明显变化。当荷载达到开裂荷载时，试验梁跨中左侧首先出现竖向裂缝，荷载继续增加，裂缝向上延伸，同时跨中右侧出现新的竖向裂缝。当荷载为 24 kN 时，此时主裂缝数量为 3 条；加载至 60 kN 时，主裂缝增加至 5 条，且主裂缝周围有细小裂缝分布。当荷载即将达到极限荷载时，主裂缝顶部出现横向裂缝相互贯通，直至试件破坏。与试验梁 L-RC、L-BRC-

0.5 相比,试验梁 L-BRC-1.5 主裂缝数量分别减少 1 条和 2 条,与试验梁 L-BRC-1.0 相比,试验梁 L-BRC-1.5 主裂缝数量增加 1 条。

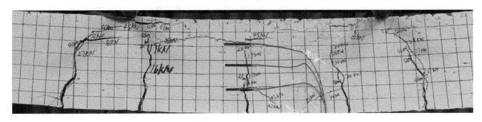

图 7.8　试验梁 L-BRC-1.0 试验现象及裂缝分布

综上所述,4 根试验梁的破坏结果基本相似,均属于正截面受弯破坏。开裂前 4 根试验梁均无明显变化,当荷载达到开裂荷载时,在测试梁底部拉伸区域中部会出现垂直裂缝。随着荷载的增加,裂缝扩展并向上延伸,同时伴有其他细小裂缝出现。当荷载值小于 24 kN 时,四根试验梁的主裂缝数量没有明显区别;当荷载大于 60 kN 时,掺入玻璃纤维的试验梁与未掺入纤维的试验梁相比,主裂缝数量减少,细小裂缝数量增加,从主裂缝的数量来看,玻璃纤维的掺入能在一定程度上抑制裂缝的发展。试验梁 L-BRC-1.0 主裂缝数量 4 条为最少,由此可见,掺入玻璃纤维可以提高试验梁抗裂能力。

7.3.2　开裂荷载与极限承载力

试验梁的承载力情况见表 7.2。试验梁开裂前由混凝土和玻璃纤维承担主要拉应力,从开裂荷载值来看,掺入玻璃纤维的试验梁开裂荷载均有所提高,玻璃纤维体积率越大,开裂荷载提高越明显。混凝土开裂后,钢筋逐渐屈服,此时由钢筋承担主要的拉应力,玻璃纤维承担一部分拉应力,从极限荷载值来看,掺入玻璃纤维的试验梁极限荷载有所提高,玻璃纤维体积率为 1.5% 的试验梁极限荷载提高最明显。另外,加入玻璃纤维可提高蒸养再生混凝土抗渗性能,抗渗性能提高则混凝土内部孔隙率更小,混凝土密实性更好,混凝土的抗裂性能更好,因而提高了再生混凝土抗裂能力。从开裂荷载值与极限荷载值来看,随着玻璃纤维体积率增加,试验梁的开裂荷载与极限荷载随之增加,当玻璃纤维体积率为 1.5% 时,试验梁开裂荷载与极限荷载值最大。由此可见,玻璃纤维对提高试验梁的开裂荷载和极限荷载有一定帮助。

表 7.2　玻璃纤维试验梁实测荷载值

试验梁编号	再生粗骨料 替代率/%	玻璃纤维 体积率/%	开裂荷载 平均值/kN	极限荷载 平均值/kN
L-RC-0	25	0	17	75
L-BRC-0.5	25	0.5	17	76
L-BRC-1.0	25	1.0	18	76
L-BRC-1.5	25	1.5	21	81

7.3.3　GFRP 受拉筋荷载-应变曲线

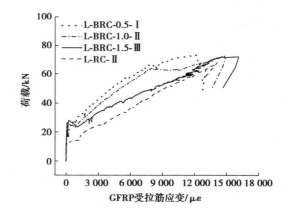

图 7.9　玻璃纤维再生混凝土梁 GFRP 受拉筋应变曲线

　　选取 3 组试验梁中具有代表性的 4 根进行分析。从图 7.9 所示的荷载-应变曲线中可以看出,加载初期,混凝土处于弹性工作阶段,主要由混凝土和玻璃纤维承担主要的拉应力,因此,混凝土开裂前 4 根试验梁钢筋应变均无明显变化,随着荷载的增加受拉筋荷载-应变曲线呈斜直线上升趋势。当混凝土开裂后,混凝土退出受力,主要由 GFRP 受拉钢筋和玻璃纤维承担拉应力,钢筋应变骤然增大。此时受拉筋荷载-应变曲线有一个突变,斜率减小,荷载增加受拉钢筋应变随之增大。从图中的曲线变化趋势可以看出,不含玻璃纤维的试验梁

GFRP 筋应变最大,玻璃纤维体积率为 1.5% 的试验梁 GFRP 筋应变次之,玻璃纤维体积率为 1.0% 的试验梁 GFRP 筋应变第三,玻璃纤维体积率为 0.5% 的试验梁 GFRP 筋应变最小。由此可见,相同荷载下掺入玻璃纤维的试验梁比未掺入玻璃纤维的试验梁应变小,当荷载为 60 kN 时,玻璃纤维掺入量为 0.5%、1.0%、1.5% 比未掺入纤维的试验梁应变分别降低 46.26%、41.01%、13.4%。分析其原因:玻璃纤维在整个加载过程中分担了一部分拉应力,当混凝土开裂后,由受拉钢筋和玻璃纤维承担拉应力,玻璃纤维为受拉钢筋分担了一部分拉应力,从而延缓了受拉钢筋的变形。掺入玻璃纤维可提高蒸养再生混凝土抗渗性能,抗渗性能提高说明混凝土内部孔隙率更小,混凝土密实度更好,混凝土抗渗性能的提高可以延缓试验梁的变形,从而延缓 GFRP 筋的变形,降低 GFRP 筋的应变。

7.3.4　荷载-挠度曲线

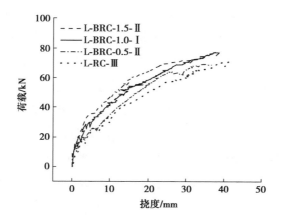

图 7.10　玻璃纤维再生混凝土梁荷载-挠度曲线

选取 3 组相同的试验梁中具有代表性的 4 根进行分析。图 7.10 为试验梁跨中挠度变化曲线。加载初期,此时混凝土未开裂,试验梁处于弹性工作阶段,4 根试验梁的挠度变化曲线基本相似,呈直线变化趋势。当混凝土出现裂缝时,掺入玻璃纤维的试验梁挠度变化趋势较为平缓,未掺入玻璃纤维的试验梁挠度变化较快;荷载继续增加,4 条曲线斜率均有所降低,未掺入玻璃纤维曲线斜率变化较快,掺入玻璃纤维的试验梁曲线斜率变化较慢。从图中曲线变化趋势可以看出:相同荷载下掺入玻璃纤维的试验梁挠度更小,其中玻璃纤维体积率为1.5%的试验梁挠度最小,玻璃纤维体积率为1.0%的试验梁挠度次之,玻璃纤维体积率为0.5%的试验梁挠度第三,未掺入纤维的试验梁挠度最大。分析其原因:玻璃纤维与混凝土之间有一定黏性,抑制了裂缝的发展;另外,从第4章试验结果可知,掺入玻璃纤维可以提高蒸养再生混凝土抗渗性能,降低蒸养再生混凝土孔隙率,孔隙率降低则再生混凝土的密实度更好,从而提高了试验梁的抗裂能力。当混凝土开裂后,玻璃纤维承担了部分的拉应变,延缓了试验梁的变形,因此,掺入玻璃纤维能提高试验梁的刚度和延性。

7.4 平截面假定

根据钢筋混凝土简支梁正截面受弯性能试验,得到各级荷载下截面的混凝土应变实测平均值分布图。随着荷载的增加,截面中性轴向受压一侧移动;截面混凝土应变增加,但应变图基本上仍是上下两个对顶的三角形。对于钢筋混凝土受弯构件的截面受压区,在构件被破坏前,混凝土压应力不太大,处于弹性阶段,混凝土应变成直线形分布,完全符合平截面假定;对于受弯构件的截面受拉区,在裂缝产生后,裂缝截面处钢筋和相邻的混凝土之间发生了相对位移,因而在裂缝附近区段,截面形变已不符合平截面假定。然而,若采用较大的量来测应变标距(跨过一条甚至几条裂缝),则构件截面的平均应变还是能较好地符合平截面假定。实验研究还表明,适筋梁受弯构件被破坏时,受压区混凝土的压碎情况是在沿构件长度有限范围内发生的,同时,拉区钢筋的屈服也是在一定长度范围内发生的[104]。

从图7.11可以看出,随着荷载增加,混凝土应变增大,玻璃纤维含量不同对混凝土应变也有一定影响。结合整体来看,试验梁跨中侧面混凝土应变与截面高度比值大致相等,中性轴高度随着荷载增大有所升高,本试验中各试验梁基本符合平截面假定。

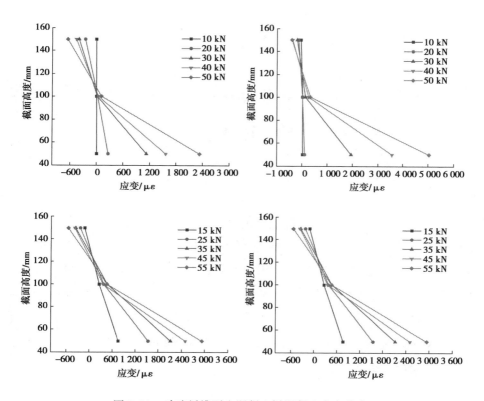

图 7.11　玻璃纤维再生混凝土梁混凝土应变分布

7.5　本章小结

本章用四点受弯的方式研究蒸养 GFRP 筋纤维再生混凝土梁受弯性能,旨在初步提出有关受弯构件挠度相关影响系数的拟合公式,并在此基础之上验证相关拟合公式的合理性。

（1）试验结果表明所有试验梁均基本符合平截面假定。

（2）未掺入纤维的试验梁主裂缝数量为 7 条,玻璃纤维体积率为 1.0% 时试验梁主裂缝数量为 4 条,玻璃纤维可有效抑制试验梁裂缝展开。试验梁开裂荷载值与极限荷载值随着纤维体积率增大而增大。相比于未掺入纤维的试验梁,相同荷载下玻璃纤维体积率为 0.5% 时受拉 GFRP 筋应变最小,降低 41.01%。掺入纤维可降低试验梁的挠度,相同荷载下,玻璃纤维体积率为 1.5% 的试验梁挠度最小。

第8章　GFRP 筋玻璃纤维再生混凝土梁抗弯性能理论研究

第 7 章对玻璃纤维再生混凝土梁抗弯试验结果进行了详细的分析与研究，从而得出玻璃纤维对混凝土梁的抗弯性能有提升作用。为了更为详细地分析纤维梁的抗弯性能，将试验与计算相结合，进一步提高理论计算的可靠性，本章主要结合《混凝土结构设计规范》（GB 50010—2010）[163]对玻璃纤维再生混凝土梁的正截面抗弯极限承载力理论进行计算，以试验数据为基础，对玻璃纤维再生混凝土梁进行受弯计算适用性分析，为玻璃纤维再生混凝土梁实际应用提供理论及试验依据。

8.1　基本假设

目前，国内外已有不少专家学者对 GFRP 筋纤维混凝土梁承载力理论计算方法进行了相关的研究。但是，适用于 GFRP 筋玻璃纤维再生混凝土梁受弯承载力的计算方法，我国并没有明确给出现行规范，因此，GFRP 筋玻璃纤维再生混凝土梁的承载力计算方法有待建立。

为了更好地结合相关规范和理论，对 GFRP 筋玻璃纤维再生混凝土梁的抗弯承载力进行计算。需对试验梁进行一些假设：

（1）试验梁的正截面应符合平截面假定，由第 7 章可知试验梁均符合平截面假定的要求。

（2）GFRP 筋与周围混凝土黏结良好，抗滑移性能好。

（3）考虑受拉区玻璃纤维对梁承载力的贡献。

（4）GFRP 筋的 σ-ε 关系保持为线性，即 $\sigma_f = E_f\varepsilon_f$。

8.2　试验梁正截面开裂弯矩计算

玻璃纤维再生混凝土梁的开裂弯矩与普通混凝土梁的计算方法是类似的，根据《混凝土结构设计规范》（GB 50010-2010）中的要求，在荷载标准组合下，二级裂缝控制等级构件受拉边缘应力应符合下列规定：

$$\sigma_{ck} - \sigma_{pc} \leqslant f_{tk} \tag{8.1}$$

式中：σ_{ck} 为荷载标准组合下抗裂验算边缘的混凝土法向应力；σ_{pc} 为扣除全部预应力损失后在抗裂验算边缘混凝土的预应力；f_{tk} 为混凝土轴心抗拉强度标准值。

开裂前，混凝土的截面为平截面，此时混凝土受拉区应力较小，其应力-应变曲线也近似于轴心受拉，可看作三角分布。

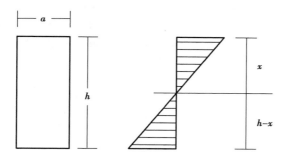

图 8.1　梁开裂前计算简图

在梁截面内，玻璃纤维再生混凝土梁受拉混凝土应力为：

$$\sigma_c = \frac{M}{W_0} + \frac{N}{A_0} \tag{8.2}$$

当 $N=0$ 时，即得出受弯构件开裂弯矩计算公式：

$$M_{cr} = \gamma_m f_{tk} W_0 \tag{8.3}$$

式中：M_{cr} 为开裂弯矩计算值；γ_m 为截面抵抗矩塑性影响系数基本值，按照规范取 $\gamma_m = 1.55$；f_{tk} 为混凝土抗拉强度标准值；W_0 为截面 A_0 对受拉边缘的弹性抵抗矩。

根据《纤维混凝土结构技术规程》(CECS38—2004)对钢纤维混凝土开裂弯矩的规定,由于纤维对混凝土的增强作用机理是相同的,因此可以使用钢纤维混凝土的抗拉强度公式得到玻璃纤维再生混凝土的开裂弯矩公式:

$$M_{\text{fcr}} = M_{\text{cr}}(1 + \alpha_{\text{cr}}\lambda_{\text{f}}) \tag{8.4}$$

$$\lambda_{\text{f}} = \rho \frac{l_{\text{f}}}{d_{\text{f}}} \tag{8.5}$$

式中:M_{fcr} 为玻璃纤维再生混凝土梁的开裂弯矩;α_{cr} 为耐碱玻璃纤维对混凝土开裂弯矩的影响系数;λ_{f} 为耐碱玻璃纤维特征参数;l_{f} 为纤维长度,d_{f} 为纤维直径;ρ 为纤维体积率。

开裂弯矩计算值与试验值对比分析如下:

根据材料参数,将数据代入式(8.4)进行计算,玻璃纤维再生混凝土梁的开裂弯矩试验值和计算值见表8.1。

表 8.1 试验梁开裂弯矩试验值与计算值对比表

试件编号	开裂弯矩试验值 $M_{\text{fcr}}^{\text{t}}/(\text{kN} \cdot \text{m})$	开裂弯矩计算值 $M_{\text{fcr}}^{\text{c}}/(\text{kN} \cdot \text{m})$	$M_{\text{fcr}}^{\text{t}}/M_{\text{fcr}}^{\text{c}}$
L-RC-0	5.10	4.28	1.19
L-BRC-0.5	5.10	4.63	1.10
L-BRC-1.0	5.40	4.99	1.08
L-BRC-1.5	6.30	5.35	1.18

通过计算得到,试验梁开裂弯矩试验值与计算值之比的平均值为1.14,标准差为0.06,变异系数为5.3%。

通过试验梁开裂弯矩试验值和计算值对比,可以发现试验值都大于计算值,计算结构偏于安全。

8.3　正截面抗弯承载力极限状态分析

根据第 7 章对玻璃纤维再生混凝土梁受弯破坏现象的分析与研究,其破坏特征基本与普通混凝土梁受弯破坏类似。考虑到掺入玻璃纤维对混凝土梁抗弯承载力没有明显提高,基本无影响,并且纤维在混凝土梁接近破坏时已经被拉断而不能提供明显的拉应力,所以在玻璃纤维混凝土梁正截面承载力计算时不再考虑玻璃纤维的作用,主要考虑 GFRP 筋的作用。按照规范《混凝土结构设计规范》(GB 50010—2010),对 GFRP 筋玻璃纤维再生混凝土梁进行计算应当满足以下几个基本假定。根据高天佑等人提出的模型进行计算[164]。

1)平截面假定

由 7.4 节可知试验梁正截面受弯后,其截面依然保持平面,梁跨中混凝土截面上的应变沿截面高度大致呈线性分布,并且截面上各点的混凝土应变与该点到中心轴的距离成正比,可以得出 GFRP 筋玻璃纤维再生混凝土梁受弯过程中基本符合平截面假定。

2)不考虑混凝土的抗拉强度

在混凝土梁受弯极限状态下,受拉区混凝土已经开裂,此时主要拉力由纵向受拉钢筋提供,混凝土起到的作用很小,故不考虑混凝土的抗拉强度。

3)混凝土受压的应力-应变关系曲线采用理想化的应力应变曲线

如图 8.2 所示。

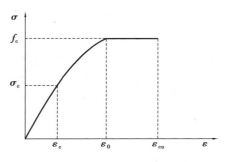

图 8.2　混凝土受压应力-应变曲线

第一阶段：当 $\varepsilon_c \leqslant \varepsilon_0$ 时

$$\sigma_c = f_c \left[1 - \left(1 - \frac{\varepsilon_c}{\varepsilon_0} \right)^n \right] \tag{8.6}$$

第二阶段：$\varepsilon_0 \leqslant \varepsilon_c \leqslant \varepsilon_{cu}$ 时

$$\sigma_c = f_c \tag{8.7}$$

$$n = 2 - \frac{1}{60}(f_{cu,k} - 50) \tag{8.8}$$

$$\varepsilon_0 = 0.002 + 0.5(f_{cu,k} - 50) \times 10^{-5} \tag{8.9}$$

$$\varepsilon_{cu} = 0.0033 - (f_{cu,k} - 50) \times 10^{-5} \tag{8.10}$$

式中：σ_c 为混凝土压应变为 ε_c 时的混凝土压应力值；f_c 为混凝土轴心抗压强度设计值；f_c 由立方体抗压强度 f_{cu} 推算得到，取 $f_c = 0.76 f_{cu}$；$f_{cu,k}$ 为混凝土的立方体抗压强度标准值。

4）钢筋的应力应变关系

当 $0 \leqslant \varepsilon_s \leqslant \varepsilon_y$ 时，

$$\sigma_s = E_s \varepsilon_s \tag{8.11}$$

当 $\varepsilon_s \geqslant \varepsilon_y$ 时，

$$\sigma_s = f_y \tag{8.12}$$

由静力平衡条件得

$$M_u = f_y A_s \left(h_0 - \frac{f_y A_s}{2 f_c b} \right) \tag{8.13}$$

式中：M_u 为混凝土受弯构件正截面受弯极限承载力设计值；f_c 为混凝土轴心抗压强度设计值；h_0 为梁截面的有效高度；b 为梁截面的宽度；A_s 为纵向受拉钢筋截面面积；f_y 为纵向受拉钢筋屈服强度设计值。

表8.2 试验梁极限承载力试验值与计算值对比表

试件编号	极限承载力试验值 $M_u^t / (\text{kN} \cdot \text{m})$	极限承载力计算值 $M_u^c / (\text{kN} \cdot \text{m})$	M_u^t / M_u^c
L-RC-0	22.50	21.76	1.03
L-BRC-0.5	22.80	21.76	1.05

续表

试件编号	极限承载力试验值 $M_{\mathrm{u}}^{\mathrm{t}}/(\mathrm{kN \cdot m})$	极限承载力计算值 $M_{\mathrm{u}}^{\mathrm{c}}/(\mathrm{kN \cdot m})$	$M_{\mathrm{u}}^{\mathrm{t}}/M_{\mathrm{u}}^{\mathrm{c}}$
L-BRC-1.0	22.80	21.76	1.05
L-BRC-1.5	24.30	21.76	1.12

通过计算得到,试验梁开裂弯矩试验值与计算值之比的平均值为 1.06,标准差为 0.04,变异系数为 3.8%。

通过试验梁开裂弯矩试验值和计算值对比,可以发现试验值都大于计算值,计算结构偏于安全,且试验值与计算值较为接近,吻合度较高,可以发现掺加玻璃纤维对梁的承载力影响不大,因此 GFRP 筋玻璃纤维再生混凝土梁抗弯极限承载力可以根据《混凝土结构设计规范》(GB 50010—2010)进行计算。

8.4　短期刚度验算

目前相关规范在玻璃纤维对受弯构件短期刚度的影响系数方面的规定尚不完善,仅在钢纤维方面有一些指导意义。因此,本试验根据试验数据及相关计算公式,初步确定 GFRP 筋玻璃纤维再生混凝土梁短期刚度影响系数的取值。

试验梁在荷载作用下符合平截面假定,根据相关结构计算方法,本试验挠度计算公式为:

$$f = 0.106\,5\,\frac{Ml_0^2}{B_{\mathrm{fs}}} \tag{8.14}$$

式中:f 为梁的最大挠度;M 为跨中最大弯矩;l_0 为构件计算跨度;B_{fs} 为纤维再生混凝土梁短期荷载下的刚度。

根据相关规范[165][166],GFRP 矩形截面梁短期刚度 B_{s} 的计算公式为:

$$B_s = \frac{E_s A_s h_0^2}{1.15\varphi + 0.2 + 6\partial_E \rho} \tag{8.15}$$

式中：φ 为裂缝间纵向受拉钢筋应变不均匀系数，$\varphi = 1.1 - 0.65 f_{tk} / (\rho_{te} \sigma_{fk})$，当 $\varphi < 0.2$ 时，取 $\varphi = 0.2$，当 $\varphi > 1$ 时，取 $\varphi = 1$；∂_E 为钢筋弹性模量与混凝土弹性模量的比值，即 E_s / E_c；ρ 为纵向受拉钢筋配筋率，$\rho = A_s / bh_0$；A_s 为纵向受拉钢筋的截面面积；h_0 为截面有效高度；b 为截面宽度。

根据规范，受拉区出现裂缝的纤维混凝土矩形截面受弯构件的短期刚度计算公式为：

$$B_{fs} = B_s (1 + \beta_B \lambda_f) \tag{8.16}$$

式中：λ_f 为再生混凝土对抗弯刚度的影响系数；B_{fs} 为纤维混凝土受弯构件短期刚度；β_B 为纤维对蒸养筋纤维再生混凝土受弯构件短期刚度的影响系数。

正常使用情况下，正截面受弯承载力大约为极限受弯承载力 M_u 的 50% ~ 70%，因此取 $0.7M_u$ 作为弯矩最大值进行计算，将实测挠度数值代入式(8.14)，结合式(8.15)、式(8.16)，可得出 GFRP 筋玻璃纤维再生混凝土梁短期刚度影响系数 β_B 的数值，具体见表 8.3。

表 8.3　玻璃纤维再生混凝土梁挠度对比分析

试件编号	净跨/m	弯矩平均值 $0.7M_u / (kN \cdot m)$	实测挠度 平均值/mm	短期刚度的 影响系数
L-RC		16.20	22.01	0
L-BRC-0.5	1.3	16.43	17.65	0.25
L-BRC-1.0		16.43	14.71	0.35
L-BRC-1.5		17.55	13.13	0.41

以玻璃纤维的体积率 $\eta\%$ 为自变量，对 GFRP 筋玻璃纤维再生混凝土梁短期刚度的影响系数 β_B 进行拟合分析，如图 8.3 所示。

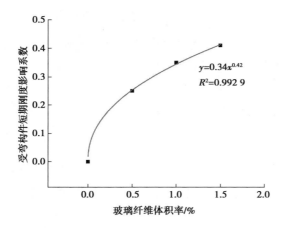

图 8.3　玻璃纤维试验梁短期刚度影响系数拟合分析

由图 8.3 可得到 GFRP 筋玻璃纤维再生混凝土梁短期刚度的影响系数 β_B 的拟合公式：

$$\beta_B = 0.34\eta^{0.42} \tag{8.17}$$

根据式（8.17）得到 GFRP 筋玻璃纤维再生混凝土梁短期刚度的影响系数 β_B 的拟合值，将 β_B 的拟合值代入式（8.16），最终利用式（8.14）得出计算挠度，具体数值见表 8.4。

表 8.4　修正后玻璃纤维再生混凝土梁挠度对比分析

试件编号	净跨/m	弯矩值 平均值 $0.7M_u/(\text{kN}\cdot\text{m})$	短期刚度的 影响系数	实测挠度 平均值 C_1/mm	计算挠度 平均值 C_2/mm	C_1/C_2
L-RC		16.20	0	22.01	22.01	1.00
L-BRC-0.5		16.43	0.25	17.65	17.65	1.00
L-BRC-1.0	1.3	16.43	0.34	14.71	14.82	0.99
L-BRC-1.5		17.55	0.40	13.13	13.26	0.99
平均值						1.00
标准差						0.005 0
变异系数/%						0.50

如表 8.4 所示,蒸养 GFRP 筋玻璃纤维再生混凝土梁挠度实测值与计算值之比的平均值为 1.00,标准差为 0.005 0,变异系数为 0.50%,挠度实测值和计算值基本吻合,由此可见 β_B 取值较为合理。

8.5　本章小结

本章对试验梁《混凝土结构设计规范》(GB 50010—2010)进行抗裂计算、承载力极限状态下抗弯承载力理论计算以及短期刚度验算,并与试验数据进行对比分析,得到以下主要结论:

(1)掺入玻璃纤维对再生混凝土梁的开裂弯矩有小幅提升,经计算分析,可根据式(7.4)进行计算。

(2)混凝土梁受弯承载力主要受截面尺寸、配筋率以及混凝土与钢筋的强度影响。玻璃纤维对混凝土梁的极限承载力几乎没有影响,因此《混凝土结构设计规范》(GB 50010—2010)中普通混凝土梁承载力计算公式对 GFRP 筋玻璃纤维混凝土梁同样适用。

(3)以玻璃纤维的体积率 $\eta\%$ 为自变量,对 GFRP 筋玻璃纤维再生混凝土梁短期刚度影响系数 β_B 进行拟合分析,提出 GFRP 筋玻璃纤维再生混凝土梁短期刚度影响系数 β_B 的拟合公式,通过验证,β_B 的取值合理。该公式的提出弥补了原有规范对其短期刚度影响系数 β_B 的规定尚不明确的问题,初步确定了蒸养 GFRP 筋玻璃纤维再生混凝土梁短期刚度影响系数 β_B 的取值范围。

第9章 碱性-持续荷载耦合作用下 GFRP 筋玻璃纤维混凝土梁受弯性能研究

9.1 引 言

我国碱土地区面积辽阔,不少地区土壤环境为碱性环境,加之目前随着经济的发展,人们出行以及运载货物车辆不断增加,这就导致这些地区的混凝土结构受到碱性环境和持续荷载的共同作用,如何提高混凝土结构的耐久性能增加混凝土结构寿命成为目前土木工程领域需解决的问题。相关研究表明,使用 GFRP 筋代替普通钢筋是可行的,且在混凝土中加入玻璃纤维可以提高混凝土的抗压性能和抗腐蚀性能。因此,本章对碱性环境与持续荷载作用下 GFRP 筋玻璃纤维混凝土梁受弯性能进行试验研究,开展四点受弯试验并分析玻璃纤维对混凝土梁裂缝数量、裂缝形态、开裂荷载与极限荷载值、混凝土梁荷载-挠度、GFRP 筋荷载-应变的影响规律,可为其运用于实际工程提供参考。

9.2 试验设计

9.2.1 试件设计

本研究设置不同玻璃纤维掺量的玻璃纤维 GFRP 筋混凝土梁,进行梁的四点受弯性能试验,具体不同试验梁试件见表9.1。GFRP 筋的布置以及 GFRP 筋纤维混凝土梁试件示意图如图 9.1 所示。

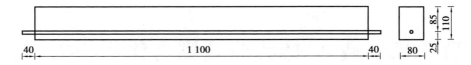

图 9.1 GFRP 筋梁布置结构图

表 9.1 试验梁构件根数表

试件编号	环境类型	环境作用天数	试验梁根数	玻璃纤维掺量/%
A-G-0	碱性环境+荷载耦合	450	4	0
A-G-0.5	碱性环境+荷载耦合	450	4	0.5
A-G-1.0	碱性环境+荷载耦合	450	4	1.0
A-G-1.5	碱性环境+荷载耦合	450	4	1.5

9.2.2 试件预加载及浸泡方法

1)加载反力架装置

为了实现 GFRP 筋混凝土梁在实际工程中的应用,故模拟其受外荷载时的服役状态,本试验采用自制反力架装置对梁试件施加持续荷载。考虑到试件会长期浸泡在碱性溶液中,故对钢弹簧、钢板、螺旋钢筋、螺母喷涂了防锈剂。加载装置根据构件实际受力设计,通过千斤顶施加外荷载,钢弹簧压缩之后会对试件施加持续荷载,荷载的大小根据钢弹簧的压缩量进行调整控制。加载反力架示意图与装置如图 9.2、图 9.3 所示。

2)加载流程

根据施加荷载大小与钢弹簧量之间的转换关系,荷载大小与弹簧压缩量的转换关系如式(9.1)所示。

钢弹簧压缩量:

$$l = F/k \tag{9.1}$$

式中,k 为弹簧刚度系数;l 为弹簧中心到梁端部受力点的位置。

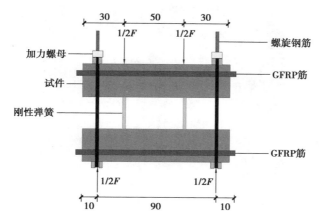

图 9.2　加载反力架示意图

图 9.3　加载反力架实例图

根据本课题组试验可以确定玻璃纤维 GFRP 筋混凝土梁的开裂弯矩和极限承载力分别为 0.42 kN·m 和 1.4 kN·m,故持续荷载取 $0.25M_u$,即 0.37 kN·m。

3)浸泡方法

本试验为模拟玻璃纤维 GFRP 筋混凝土梁在碱性环境作用下的侵蚀情况,参照混凝土试验标准规范 GB 50010—2020,设计了一种与混凝土孔隙液的 pH 大致相同的混合溶液,包括 NaOH、KOH 和 $Ca(OH)_2$。试验过程中,溶液温度控制在 20 ℃,以模拟 GFRP 筋在受腐蚀的碱性环境中的实际工况。模拟侵蚀环境如图 9.4 所示。

温度：20 ℃
pH=12.5~13.0

图9.4　模拟碱性环境侵蚀池

9.2.3　试验方法

试验采用四分点加载,并且严格按照《混凝土结构试验方法标准》(GB/T 50152—2012)中有关规定对试验梁进行分级加载,每级荷载 0.5 kN,当加载到荷载出现明显下降趋势时停止加载。荷载大小通过设置在千斤顶上的压力传感器测得。正式加载前对试件进行预加载,以检查仪器读数是否正常,并检查玻璃纤维混凝土试件、分配梁和专业仪器之间的接触是否良好。本试验将混凝土应变片粘连于试验梁一侧上中下三个位置,主要用于测试玻璃纤维混凝土试验梁应变。试验前在试验梁 GFRP 筋中部预埋应变片,用于测试 GFRP 筋应变。加载前设置 5 个位移计,放置于试验梁中部及两侧和梁上左右两端旁,用于测试试验梁挠度。加载过程中,观察裂缝变化随荷载变化的开展情况,当出现裂缝时暂停加载,记录此时荷载为开裂荷载,试验梁达到极限抗压强度而破坏时的荷载为极限荷载。试验装置布置示意图与现场试验照片如图 9.5 所示。

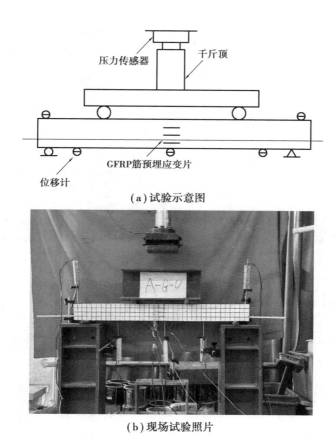

（a）试验示意图

（b）现场试验照片

图 9.5　梁的四点受压加载图

9.3　四点受弯试验梁破坏过程

9.3.1　试验梁 A-G-0 试验现象及裂缝分布

本试验梁的分析选取 A-G-0 中具有代表性的 1 根梁进行分析,如图 9.6 所示。试验梁 A-G-0 为在碱性环境和持续荷载作用下 450 d 的 GFRP 筋混凝土梁,其在加载过程中经历了 4 个过程,分别为弹性工作阶段、带裂缝工作阶段、钢筋屈服阶段以及破坏阶段。加载初期,梁由于处在弹性工作阶段,所以无明显变化;当荷载值增加至 4.09 kN 时,梁的跨中首先出现一条竖向裂缝,此时可以听到梁发出轻微脆裂声;随着荷载的持续增加,跨中裂缝逐渐向上延伸并且梁的弯剪区出现新的竖向裂缝并伴随有明显的梁断裂声;随着荷载的继续增加,弯剪区的裂缝继续向上延伸,且随着荷载增加至接近极限荷载时,梁上方的右侧受力点与梁下方的右侧受力点之间形成了一条斜向裂缝。当荷载增加至16.31 kN 时,梁上端的混凝土压碎,导致试验梁破坏。

图 9.6　试验梁 A-G-0 试验现象及裂缝分布

9.3.2　试验梁 A-G-0.5 试验现象及裂缝分布

选取 A-G-0.5 中具有代表性的 1 根梁进行分析,如图 9.7 所示。其加载过程与 A-G-0 相似,同样经历了 4 个过程,分别为弹性工作阶段、带裂缝工作阶段、钢筋屈服阶段以及破坏阶段。加载初期,梁由于处在弹性工作阶段,所以无明显变化;当荷载值增加至 4.11 kN 时,梁的跨中首先出现一条竖向裂缝,此时可以听到梁发出轻微脆裂声;随着荷载的持续增加,跨中裂缝逐渐向上延伸并且梁的跨中区左侧以及右侧和梁的弯剪区出现新的竖向裂缝并伴随有明显的梁断裂声;随着荷载的继续增加,弯剪区的裂缝继续向上延伸。当荷载增加至16.53 kN 时,主裂缝增加至 6 条。与试验梁 A-G-0 相比,梁的跨中左右两侧裂缝相对较短且梁上方的右侧受力点与梁下方的右侧受力点之间的裂缝未形成,其原因是梁中的玻璃纤维承担了一部分的荷载,起到了一定的阻裂作用。

图 9.7　试验梁 A-G-0.5 试验现象及裂缝分布

9.3.3　试验梁 A-G-1.0 试验现象及裂缝分布

　　选取 A-G-1.0 中具有代表性的 1 根梁进行分析,如图 9.8 所示。试验梁
A-G-1.0 的加载过程与 A-G-0 相似,同样经历了 4 个过程,分别为弹性工作阶
段、带裂缝工作阶段、钢筋屈服阶段以及破坏阶段。加载初期,梁由于处在弹性
工作阶段,所以无明显变化;当荷载值增加至 4.15 kN 时,梁的跨中首先出现一
条竖向裂缝,此时可以听到梁发出轻微脆裂声;随着荷载的持续增加,跨中裂缝
逐渐向上延伸并且梁的弯剪区及梁的跨中左右两侧出现新的竖向裂缝并伴随
有明显的梁断裂声;随着荷载的继续增加,弯剪区以及梁左右两侧的裂缝继续
向上延伸。当荷载增加至 16.54 kN 时,主裂缝增加至 5 条。与试验梁 A-G-0 和
A-G-0.5 相比,试验梁 A-G-1.0 的主裂缝减少为 5 条,同比减少了一条裂缝,且
细小裂缝相对减少。

图 9.8　试验梁 A-G-1.0 试验现象及裂缝分布

9.3.4　试验梁 A-G-1.5 试验现象及裂缝分布

　　选取 A-G-1.5 中具有代表性的 1 根梁进行分析,如图 9.9 所示。其加载过
程与试验梁 A-G-0 相似,4 个阶段分别为弹性工作阶段、带裂缝工作阶段、钢筋
屈服阶段以及破坏阶段。加载初期,梁由于处在弹性工作阶段,所以无明显变
化;当荷载值增加至 4.41 kN 时,梁的跨中首先出现一条竖向裂缝,此时可以听
到梁发出轻微脆裂声;随着荷载的持续增加,跨中裂缝逐渐向上延伸并且梁的
弯剪区和梁的跨中左侧出现新的竖向裂缝并伴随有明显的梁断裂声;随着荷载
的继续增加,弯剪区以及梁跨中左侧的裂缝继续向上延伸。当荷载增加至
17.63 kN 时,主裂缝增加至 4 条。与试验梁 A-G-0、A-G-0.5、A-G-1.0 相比,试
验梁 A-G-1.5 的主裂缝为 4 条,同比减少了 2、2、1 条裂缝,且细小裂缝相对
减少。

图 9.9　试验梁 A-G-1.5 试验现象及裂缝分布

　　综上所诉,试验梁 A-G-0、A-G-0.5、A-G-1.0、A-G-1.5 的破坏结果基本一致,均符合梁的正截面受弯破坏。当荷载未达到开裂荷载时,4 根试验梁均无明显变化。当荷载达到开裂荷载时,均能听到轻微梁裂的声音,且梁的跨中部分都会出现一条竖直裂缝;随着荷载的继续增加,跨中裂缝逐渐向上延伸并且会出现一定的细微裂缝。试验梁 A-G-0 与试验梁 A-G-0.5 相比,当荷载达到极限荷载时,裂缝条数均为 6 条,但试验梁 A-G-0.5 相较于 A-G-0,其裂缝宽度以及细微裂缝相对较少。试验梁 A-G-1.0 与试验梁 A-G-0、A-G-0.5 相比,当荷载达到极限荷载时,主裂缝条数减少 1 条。与试验梁 A-G-0、A-G-0.5、A-G-1.0 相比,当荷载达到极限荷载时,试验梁 A-G-1.5 的主裂缝条数只有 4 条,同此减少 1 条、1 条、2 条。从主裂缝的条数可知,玻璃纤维的加入在一定程度上抑制了梁裂缝的发展。从第 3 章试验结果可知碱性环境下玻璃纤维混凝土在玻璃纤维掺量为 1.0% 时抗压强度最高。当玻璃纤维掺量为 1.5% 时,玻璃纤维混凝土的抗压强度较不掺玻璃纤维以及玻璃纤维掺量为 0.5% 的抗压强度要大,但比玻璃纤维掺量为 1.0% 时的抗压强度要小。这主要是由于玻璃纤维混凝土在制作过程中容易"纤维成团",而在玻璃纤维 GFRP 筋混凝土梁的四点抗弯试验中,玻璃纤维掺量为 1.5% 时梁的抗弯效果最好,这主要是由于梁的试件尺寸比混凝土试块的尺寸大,故纤维成团现象不明显。

9.4　四点受弯试验梁的开裂荷载与极限承载力

　　试验梁 A-G-0、A-G-0.5、A-G-1.0、A-G-1.5 的承载力情况见表 9.2。由于梁的尺寸效益较大,因此梁的极限荷载相对较低。试验梁未达到开裂荷载之前,拉应力主要由混凝土和玻璃纤维所承担。试验梁 A-G-0 的开裂荷载值最低为

4.09 kN;试验梁 A-G-0.5 的开裂荷载值为 4.11 kN,相比于试验梁 A-G-0 提高了 0.48% ;试验梁 A-G-1.0 的开裂荷载值为 4.15 kN,相比于试验梁 A-G-0 和 A-G-0.5 分别提高了 1.46% 、0.97% ;试验梁 A-G-1.5 的开裂荷载为 4.41 kN,相比于试验梁 A-G-0、A-G-0.5、A-G-1.0 分别提高了 7.82% 、7.29% 、6.26% 。其中,试验梁 A-G-1.5 的开裂荷载最高,可见玻璃纤维掺量越大,试验梁的开裂荷载越高,提高效果越明显。混凝土出现裂缝后,试验梁的拉应力主要由 GFRP 筋和玻璃纤维所承担。试验梁 A-G-0 的极限荷载为 16.31 kN;试验梁 A-G-0.5 的极限荷载为 16.53 kN,相比于试验梁 A-G-0 提高了 1.34% ;试验梁 A-G-1.0 的极限荷载值为 16.54 kN,相比于试验梁 A-G-0、A-G-0.5 分别提高了 1.41% 、0.06% ;试验梁 A-G-1.5 的极限荷载为 17.63 kN,相比于试验梁 A-G-0、A-G-0.5、A-G-1.0 分别提高 8.09% 、6.65% 、6.59% 。掺入玻璃纤维的 GFRP 筋混凝土梁的极限荷载均有提升,其中试验梁 A-G-1.5 的极限荷载提高最为明显。综合分析本试验方案中的微观试验以及相关文献可知,加入玻璃纤维之后,混凝土的内部孔隙率降低,从而导致混凝土的密实性更加优良,混凝土的抗裂性能提高。玻璃纤维的掺入强化了 GFRP 筋试验梁的抗裂性能,减少了梁体的裂缝,阻断了碱性环境中 OH⁻ 对 GFRP 筋的腐蚀通道,从而保护了 GFRP 筋的力学性能,增强了玻璃纤维 GFRP 筋混凝土试验梁的整体刚度。综上所述,玻璃纤维的掺入对提高碱性环境和持续荷载作用下的 GFRP 筋混凝土的开裂荷载和极限荷载有一定的帮助。

表 9.2　玻璃纤维 GFRP 筋混凝土梁实测荷载值

试验梁编号	玻璃纤维掺量/%	开裂荷载平均值/kN	极限荷载平均值/kN
A-G-0	0	4.09	16.31
A-G-0.5	0.5	4.11	16.53
A-G-1.0	1.0	4.15	16.54
A-G-1.5	1.5	4.41	17.63

9.5 四点受弯试验梁的 GFRP 受拉筋荷载-应变曲线

从图 9.10 可以看出 GFRP 受拉筋随着荷载变化的关系,GFRP 筋在混凝土梁试件破坏之前荷载-应变关系大致呈线弹性关系。其中,随着荷载的逐步上升,试验梁 A-G-0 的 GFRP 筋的极限拉应变达到了 3 170.00 $\mu\varepsilon$,试验梁 A-G-0.5 的 GFRP 筋的极限拉应变达到了 2171.84 $\mu\varepsilon$,试验梁 A-G-1.0 的 GFRP 筋的极限拉应变达到了 2 289.22 $\mu\varepsilon$,试验梁 A-G-1.5 的 GFRP 筋的极限拉应变达到了 2 562.10 $\mu\varepsilon$。当荷载为 15 kN 时,玻璃纤维掺入量为 0.5% 、1.0% 、

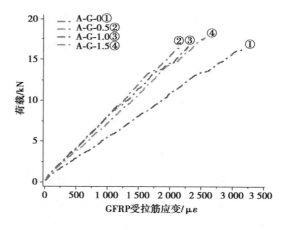

图 9.10　玻璃纤维混凝土梁跨中截面处 GFRP 筋的荷载-应变关系

1.5% 的试验梁比未掺纤维的试验梁的应变分别降低 32.3% 、27.8% 、25.3% 。由此可见,相同荷载下掺入玻璃纤维的混凝土试验梁的应变值要小于未掺入玻璃纤维的混凝土试验梁。分析原因是:掺入玻璃纤维的混凝土试验梁在整个加载过程中梁内的玻璃纤维都承担了一部分拉应力,从而延缓了梁的变形。

9.6　四点受弯试验梁的荷载-挠度曲线

选取三组试验梁中具有代表性的 4 根进行综合对比分析。从图 9.11 可知,试验梁 A-G-0、A-G-0.5、A-G-1.5 的荷载-挠度变化趋势基本相似,均为直线变化。此时拉应力由混凝土和玻璃纤维共同承载。当出现裂缝时,未掺入玻璃纤维的 GFRP 筋混凝土试验梁挠度变化较掺入玻璃纤维的 GFRP 筋混凝土试验梁更快。随着荷载的继续增加,试验梁 A-G-0.5、A-G-1.0、A-G-1.5 的曲线斜率较试验梁 A-G-0 变化慢,但总体斜率均有所降低。从图中可以看出,相同荷载之下,试验梁 A-G-0 的挠度值最大,试验梁 A-G-1.0 与试验梁 A-G-0.5 次之,试验梁 A-G-1.5 的挠度最小。当试验梁在相同挠度下时,试验梁 A-G-1.5 的荷载值最大,试验梁 A-G-1.0 与试验梁 A-G-0.5 次之,试验梁 A-G-0 的荷载值最小。原因在于:未加入玻璃纤维时,由于试验梁长期处于碱性环境和持续荷载作用下,导致混凝土梁会形成一定的微裂缝,而碱性环境中的氢氧根离子会通过这些裂缝与 GFRP 筋发生反应导致 GFRP 筋的拉应力降低,从而使混凝梁所能承受的荷载降低;加入玻璃纤维后,一方面由于混凝土与玻璃纤维之间存在一定的黏性,混凝土梁受碱性环境和持续荷载作用后所形成的微裂缝减少,能与 GFRP 筋产生反应的氢氧根离子也相应减少,从而提高了 GFRP 筋的性能,另一方面综合分析本试验方案中的微观试验以及相关文献可知,加入玻璃纤维之后,混凝土的抗压强度增大且内部孔隙率降低,从而导致混凝土的密实性更加优良,混凝土的抗裂性能提高。因此,掺入玻璃纤维能提高碱性环境和持续荷载作用下的 GFRP 混凝土梁的刚度和韧性。

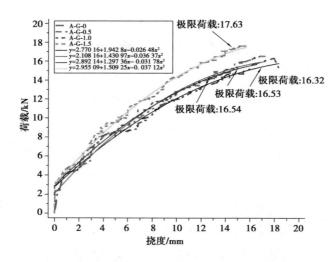

图 9.11　玻璃纤维 GFRP 筋混凝土梁荷载-挠度曲线

9.7　本章小结

本章对持续荷载和碱性环境侵蚀 450 d 后的不同玻璃纤维掺量的 GFRP 筋混凝土试验梁的四点抗弯裂缝扩展、破坏形态及荷载强度进行分析,探究其开裂荷载、极限荷载、GFRP 筋荷载-应变、试验梁荷载-挠度曲线与玻璃纤维掺量(0%、0.5%、1%、1.5%)之间的内在联系。得到的主要结论如下:

(1)试验梁在碱性环境和持续荷载作用 450 d 后进行的四点加载实验过程中所表现的试验现象基本相似,均为正截面受弯破坏。从 4 根试验梁的裂缝数量来看,试验梁 A-G-0 的裂缝条数为 6 条,试验梁 A-G-0.5 的裂缝条数为 6 条,试验梁 A-G-1.0 的裂缝数为 5 条,试验梁 A-G-1.5 的裂缝数为 5 条。当加入玻璃纤维后,试验梁 A-G-0.5、A-G-1.0、A-G-1.5 相较于未掺玻璃纤维的混凝土梁 A-G-0 局部细小裂纹明显减少,从而可知玻璃纤维的加入能有效减少混凝土梁的局部裂纹,抑制混凝土梁裂缝开展。

(2)玻璃纤维的加入能起到一定的阻裂作用,当试验梁未达到开裂荷载时,混凝土和玻璃纤维共同承担拉应力。当试验梁达到开裂荷载后,玻璃纤维和

GFRP 筋共同承担拉应力。由于受到碱性环境和持续荷载的共同作用,加入玻璃纤维会增强混凝土的黏性,使碱性环境中的氢氧根离子减缓进入 GFRP 筋与之发生化学反应,延缓了 GFRP 筋的变形,从而提高了混凝土梁的极限承载力。未掺加玻璃纤维的试验梁 A-G-0 的开裂荷载与极限承载力均为最低分别为 4.09 kN、16.31 kN,玻璃纤维掺量为 1.5% 的试验梁 A-G-1.5 的开裂荷载与极限承载力均为最高,分别为 4.41 kN、17.63 kN。

(3)掺入玻璃纤维对降低 GFRP 筋的应变有一定的积极作用。试验结果表明,玻璃纤维掺入量为 0.5% 的混凝土试验梁应变最小,玻璃纤维掺入量为 1.0% 与 1.5% 的混凝土试验梁应变次之,未掺入玻璃纤维的混凝土试验梁应变最大。且当荷载为 15 kN 时,玻璃纤维掺入量为 0.5%、1.0%、1.5% 的应变比未掺入玻璃纤维的试验梁应变分别降低 32.3%、27.8%、25.3%。

(4)在整个试验梁的加载过程中,玻璃纤维起到了承担一部分拉应力的作用,从而延缓了 GFRP 筋以及梁的变形。因此,掺入玻璃纤维能有效降低试验梁的挠度,其中玻璃纤维掺量为 0.5%、1.0%、1.5% 的混凝土梁相比于未掺入玻璃纤维的混凝土梁最大挠度分别降低了 6.05%、10.19%、16.49%。

第10章 碱性-持续荷载耦合作用下 GFRP 筋玻璃纤维混凝土梁黏结性能研究

10.1 引 言

本章对碱性环境与持续荷载作用下 GFRP 筋玻璃纤维混凝土梁受弯性能进行试验研究,分析玻璃纤维对混凝土梁裂缝数量、裂缝形态、开裂荷载与极限荷载值、混凝土梁荷载-挠度、GFRP 筋荷载-滑移的影响规律,为其运用于实际工程提供参考。

10.2 黏结滑移理论

10.2.1 最大黏结强度理论

传统的平均黏结强度理论忽略了构件在受力过程中滑移或开裂引起的变化量。如果两种材料的滑动载荷和单位面积应力相同,则黏结强度也相同。该理论将实际的材料滑移关系与材料性能联系起来,因此更适合于分析玻璃纤维混凝土与 GFRP 筋之间的黏结强度。玻璃纤维混凝土与 GFRP 筋黏结强度的变化可以用损伤程度来解释。

玻璃纤维混凝土与 GFRP 筋的黏结滑移机制与标准养护混凝土相似。因此,黏结-滑移本构关系也符合改进的 Bertero-Popov-Eligehausen（mBPE）黏结-

滑移本构关系。由于碱性环境和持续荷载对 GFRP 筋和玻璃纤维混凝土的黏结性能造成了一定的破坏,采用典型的 mBPE 黏结-滑移本构模型,基于理论最大黏结强度对玻璃纤维混凝土和 GFRP 筋进行分析,并结合了 GFRP 筋黏结性能劣化的试验数据。

　　mBPE 模型主要用于分析纤维增强塑料(FRP)与混凝土的黏结滑移关系。该模型是通过对 Bertero-Popov-Eligehausen (BPE)键滑本构模型[167][168][169][170]进行修正得到的。在 mBPE 模型中不考虑固定黏结强度的水平截面。该模型主要由三个特征阶段组成,如图 10.1 所示,其表达式如式(10.1)所示。

$$\frac{\tau}{\tau_{max}} = \begin{cases} \left(\dfrac{S}{S_{max}}\right)^{\alpha} & (0<S<S_{max}) \\[2mm] 1-\rho\left(\dfrac{S}{S_{max}}-1\right) & (S_{max}<S<S_c) \\[2mm] \dfrac{\tau_c}{\tau_{max}} & (S<S_c) \end{cases} \qquad (10.1)$$

式中,τ 为键强度;τ_{max} 为最大黏结强度;τ_c 为线性滑移开始时对应的黏结强度;S 为滑移值;S_{max} 为对应的滑移值;S_c 为相应的滑移值;α 和 ρ 是测试数据的拟合参数。

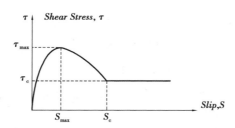

图 10.1　mBPE 模型

　　为了进一步提高 mBPE 模型在分析 Gfrp-钢筋混凝土结构黏结滑移时的准确性,Bakis[171]和 Focacci[172]对 mBPE 模型进行了修正,提出了式(10.2)和式(10.3)所示的表达式。修正后的 mBPE 模型生成的曲线主要与图 10.1 中的曲线与横轴相交。滑移强度恒定的第三阶段可以简化为与横坐标轴封闭的图形。最大黏结滑移载荷和最大黏结强度表达式如式(10.4)和式(10.5)所示。采用

Levenberg Marquardt 理论,通过 GFRP 筋[173][174][175]的试验滑移载荷与理论滑移载荷的平方差确定未知参数。

$$\tau = cS^{\alpha}\left(1 - \frac{S}{\overline{S}}\right) \qquad (10.2)$$

$$S_{\max} = \alpha \overline{S}/(1+\alpha) \qquad (10.3)$$

$$N_f = S^{(1+\alpha)/2} \cdot \sqrt{4cE_fA_f\pi d_b/[(1+\alpha)(2+\alpha)]} \qquad (10.4)$$

$$\tau_{\max} = c\left(\frac{\alpha\overline{S}}{1+\alpha}\right)^{\alpha}\frac{1}{1+\alpha} \qquad (10.5)$$

基于 mBPE 模型,Bakis 等得到了局部最大黏结强度 $\tau_{\max}$ 和最大滑移载荷 $N_{s,\max}$ 的表达式,如式(10.6)和式(10.7)所示。

$$\tau_{\max} = c\left(\frac{\alpha S_{\max}}{1+\alpha}\right)^{\alpha}\frac{1}{1+\alpha} \qquad (10.6)$$

$$N_{s,\max} = \sqrt{4\pi dA_bE_b}\sqrt{c/[(1+\alpha)(2+\alpha)]}S^{(1+\alpha)/2} \qquad (10.7)$$

10.2.2　理论分析

早期研究者提出的黏结滑移本构模型为研究 GFRP 筋与混凝土的黏结滑移行为提供了一种有效的方法。然而,单一模型不能满足大多数不同试验和工程应用的研究。在此基础上,对基础黏结滑移模型进行修正,得到更适用的黏结滑移本构模型。目前,已有的键滑模型主要有 Malvar、Bertero-Eligehausen-Popov(BPE)、改进的 BPE(mBPE)、Cosenza-Manfredi-Realfonzo(CMR)、Wei(2P)等。

1)mBPE 模型

如图 10.2、图 10.3 和图 10.4 所示,黏结滑移试验的主要试验过程位于黏结滑移曲线的上升段。当试验处于 GFRP 筋抽拔阶段时,mBPE 曲线呈现曲线下降趋势,直至最后阶段保持水平直线。CMR 模型只能描述黏结滑移曲线的上升段,缺乏表达黏结强度下降段和水平段的曲线。2P 理论模型是建立在黏结滑移曲线的基础上,能更准确地表达曲线的变化趋势。mBPE 模型的表达式如式(10.1)所示。

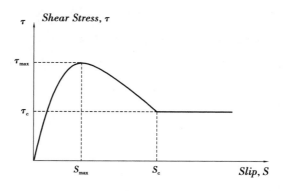

图 10.2　mBPE 模型

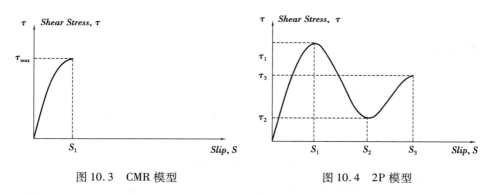

图 10.3　CMR 模型　　　　　　　图 10.4　2P 模型

2）CMR 模型

为了解决 Malvar 模型公式复杂、参数物理意义不明确、曲线初始斜率小而与试验结果不符的问题，Cosenza 等提出了 CMR 模型。该模型能更好地表达 FRP 筋与混凝土黏结滑移曲线上升阶段的发展趋势。CMR 模型的表达式如式（10.8）所示：

$$\frac{\tau}{\tau_{\max}} = \left(1 - \exp\left(-\frac{S}{S_r}\right)\right)^{\beta} \quad (0 \leqslant S \leqslant S_{\max}) \tag{10.8}$$

式中，τ 和 S 分别为黏结应力和滑移；$\tau_{\max}$ 为极限荷载作用下的最大黏结应力；S_r 和 β 是需要从测试数据中拟合曲线的参数。

3）2P 模型

在 mBPE 模型得到的部分黏结滑移曲线中，下降段呈现线性趋势，而 CMR

模型在黏结滑移曲线上仅呈现上升段。因此，Wei[49]提出了基于键合机理和键合特征的 2P 模型，该模型能更好地代表黏结-滑移本构模型的准确性。2P 模型的表达式如式(10.9)所示：

$$\tau = be^{-\eta S}\cos(\omega S + \varphi) + c \tag{10.9}$$

式中：τ 和 S 分别为黏结应力和滑移。b、η、ω、φ、c 是需要从测试数据中拟合曲线的参数。

10.3 试验设计

10.3.1 试件设计

本研究设置不同玻璃纤维掺量的玻璃纤维 GFRP 筋混凝土梁，进行梁的三点受弯性能试验，具体不同试验梁试件见表 10.1。GFRP 筋的布置以及 GFRP 筋纤维混凝土梁试件示意图如图 10.1 所示。

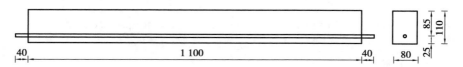

图 10.5 GFRP 筋梁布置结构图

表 10.1 试验梁构件根数表

试件编号	环境类型	环境作用天数	试验梁根数	玻璃纤维掺量/%
A-G-0	碱性环境+荷载耦合	450	4	0
A-G-0.5	碱性环境+荷载耦合	450	4	0.5
A-G-1.0	碱性环境+荷载耦合	450	4	1.0
A-G-1.5	碱性环境+荷载耦合	450	4	1.5

10.3.2　试件预加载及浸泡方法

1)加载反力架装置

为了实现 GFRP 筋混凝土梁在实际工程中的应用,故模拟其受外荷载时的服役状态,本试验采用自制反力架装置对梁试件施加持续荷载。考虑到试件会长期浸泡在碱性溶液中,故对钢弹簧、钢板、螺旋钢筋、螺母喷涂了防锈剂。加载装置根据胡克定律进行设计加工,通过千斤顶施加外荷载,钢弹簧压缩之后会对试件施加持续荷载,荷载的大小根据钢弹簧的压缩量进行调整控制。加载反力架示意图与装置如图 10.2、图 10.3 所示。

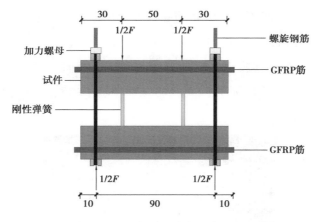

图 10.6　加载反力架示意图

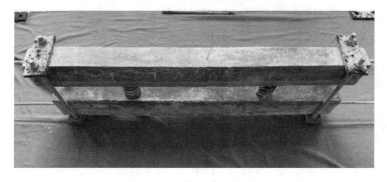

图 10.7　加载反力架实例图

2）加载流程

根据施加荷载大小与钢弹簧量之间的关系,荷载大小与弹簧压缩量的转换关系如式(10.10)所示。

钢弹簧压缩量:

$$l = F/k \tag{10.10}$$

式中,k 为弹簧刚度系数;l 为弹簧中心到梁端部受力点的位置。

根据本课题组试验可以确定玻璃纤维 GFRP 筋混凝土梁的开裂弯矩和极限承载力分别为 0.42 kN·m 和 1.4 kN·m,故持续荷载取 $0.25M_u$,即 0.37 kN·m。

3）浸泡方法

本试验为模拟玻璃纤维 GFRP 筋混凝土梁在碱性环境作用下的侵蚀情况,参照混凝土试验标准规范 GB 50010—2020,设计了一种与混凝土孔隙液的 pH 大致相同的混合溶液,包括 NaOH、KOH 和 $Ca(OH)_2$。试验过程中,溶液温度控制在 20 ℃,以模拟 GFRP 筋在受腐蚀的碱性环境中的实际工况。模拟侵蚀环境如图 10.8 所示。

图 10.8　模拟碱性环境侵蚀池

10.3.3　试验方法

将 GFRP 筋置于混凝土梁内,GFRP 筋与梁底端预留出 30 mm。将 GFRP 筋混凝土梁分为 2 组,一组在自然条件与荷载条件下养护 450 d,一组在碱性环境与荷载条件下养护 450 d。考虑不同环境与不同玻璃纤维掺量对混凝土梁与筋材黏结性能的影响,采用反力架及液压千斤顶装置对混凝土梁进行三点偏载黏结性能影响试验。本试验采取三点梁式黏结试验方法,与其他黏结性能试验相比,主要考虑了实际构件存在的剪力或弯矩情况,更能贴合玻璃纤维 GFRP 筋混凝土梁实际工程中受力形式。试验过程采用千斤顶和反力架装置对玻璃纤维 GFRP 筋混凝土梁进行三点偏载黏结性能试验。根据文献关于三点弯曲最佳锚固长度试验研究结果,本试验装置布置示意图与现场试验照片如图 10.9 所示。

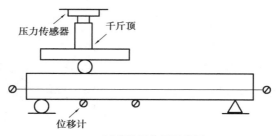

(a)试验装置布置示意图

(b)现场试验照片

图 10.9　梁的三点受压加载图

10.4 三点受弯试验梁破坏过程

1）试验梁 A-G-0 试验现象及裂缝分布

选取 A-G-0 中具有代表性的 1 根梁进行分析，如图 10.10 所示。试验梁 A-G-0 为在碱性环境和持续荷载作用下 450 d 的 GFRP 筋混凝土梁，其在加载过程中经历了 4 个阶段，分别为弹性工作阶段、带裂缝工作阶段、钢筋屈服阶段以及破坏阶段。加载初期，梁由于处在弹性工作阶段，所以无明显变化；当荷载值增加至 3.23 kN 时，试验梁的左侧 1/3 处首先出现一条竖向裂缝，此时可以明显听到梁发出轻微脆裂声；随着荷载的持续增加，试验梁的左侧 1/3 处的竖向裂缝向上延伸且加载点附近出现多条新的竖向裂缝并且可以听到试验梁发出明显的断裂声；随着荷载的继续增加，加载点附近的裂缝逐渐向上延伸且梁靠近跨中左侧的位置出现一条新的竖向裂缝，当荷载增加至 13.29 kN 时，主裂缝增加至 5 条。

图 10.10 试验梁 A-G-0 试验现象及裂缝分布

2）试验梁 A-G-0.5 试验现象及裂缝分布

选取 A-G-0.5 中具有代表性的 1 根梁进行分析，如图 10.11 所示。试验梁 A-G-0.5 为在碱性环境和持续荷载作用下 450 d 的 GFRP 筋混凝土梁，其在加载过程中经历了 4 个阶段，分别为弹性工作阶段、带裂缝工作阶段、钢筋屈服阶段以及破坏阶段。加载初期，梁由于处在弹性工作阶段，所以无明显变化；当荷载值增加至 3.32 kN 时，试验梁的左侧 1/3 处首先出现一条竖向裂缝，此时可以明显听到梁发出轻微脆裂声；随着荷载的持续增加，试验梁的左侧 1/3 处的竖向裂缝继续向上延伸且加载点附近出现多条新的竖向裂缝并且可以听到试验梁发出明显的断裂声；随着荷载的继续增加，加载点附近的裂缝逐渐向上延伸且梁靠近跨中左侧的位置出现一条新的竖向裂缝,当荷载增加至 13.50 kN 时,主裂缝增加至 5 条。试验梁 A-G-0.5 与试验梁 A-G-0 相比,随着试验梁 A-G-0.5 中有玻璃纤维的加入,试验梁 A-G-0.5 的开裂荷载较试验梁 A-G-0 提高 2.78%;主裂缝的条数都为 5 条,但试验梁 A-G-0.5 的细微裂缝减少,说明加入玻璃纤维能起到一定的抗裂作用。

图 10.11　试验梁 A-G-0.5 试验现象及裂缝分布

3)试验梁 A-G-1.0 试验现象及裂缝分布

选取 A-G-1.0 中具有代表性的 1 根梁进行分析,如图 10.12 所示。试验梁 A-G-1.0 为在碱性环境和持续荷载作用下 450 d 的 GFRP 筋混凝土梁,其在加载过程中经历了 4 个阶段,分别为弹性工作阶段、带裂缝工作阶段、钢筋屈服阶段以及破坏阶段。加载初期,梁由于处在弹性工作阶段,所以无明显变化;当荷载值增加至 3.42 kN 时,试验梁的左侧 1/3 处首先出现一条竖向裂缝,此时可以明显听到梁发出轻微脆裂声;随着荷载的持续增加,试验梁的左侧 1/3 处的竖向裂缝向上延伸且加载点附近出现多条新的竖向裂缝并且可以听到试验梁发出明显的断裂声;随着荷载的继续增加,加载点附近的裂缝逐渐向上延伸且梁靠近跨中左侧的位置出现一条新的竖向裂缝,当荷载增加至 13.66 kN 时,主裂缝增加至 4 条。试验梁 A-G-1.0 与试验梁 A-G-0 与试验梁 A-G-0.5 相比,随着试验梁 A-G-1.0 中玻璃纤维的加入增多,试验梁 A-G-1.0 的开裂荷载较试验梁 A-G-0 与试验梁 A-G-0.5 分别提高 5.9%、3.0%,主裂缝的条数从 5 条减少为 4 条。

图 10.12　试验梁 A-G-1.0 试验现象及裂缝分布

4)试验梁 A-G-1.5 试验现象及裂缝分布

选取 A-G-1.5 中具有代表性的 1 根梁进行分析,如图 10.13 所示。试验梁 A-G-1.5 为在碱性环境和持续荷载作用下 450 d 的 GFRP 筋混凝土梁,其在加载过程中经历了 4 个阶段,分别为弹性工作阶段、带裂缝工作阶段、钢筋屈服阶段以及破坏阶段。加载初期,梁由于处在弹性工作阶段,所以无明显变化;当荷载值增加至 3.63 kN 时,试验梁的左侧 1/3 处首先出现一条竖向裂缝,此时可以明显听到梁发出轻微脆裂声;随着荷载的持续增加,试验梁的左侧 1/3 处的竖向裂缝继续向上延伸且加载点附近出现多条新的竖向裂缝并且可以听到试验梁发出明显的断裂声;随着荷载的继续增加,加载点附近的裂缝逐渐向上延伸,当荷载增加至 14.57 kN 时,主裂缝增加至 4 条。试验梁 A-G-1.5 与试验梁 A-G-0、试验梁 A-G-0.5 和试验梁 A-G-1.0 相比,随着试验梁 A-G-1.5 中玻璃纤维的掺量增多,试验梁 A-G-1.5 的开裂荷载较试验梁 A-G-0、A-G-0.5 和试验梁 A-G-1.0 分别提高 12.38%、9.34%、6.14%,主裂缝的条数与试验梁 A-G-1.0 一样都为 4 条。

图 10.13　试验梁 A-G-1.5 试验现象及裂缝分布

10.5　三点受弯试验梁的开裂荷载与极限承载力

试验梁的承载力见表 10.2。试验梁 A-G-0、A-G-0.5、A-G-1.0、A-G-1.5 的开裂荷载分别为 3.23 kN、3.32 kN、3.42 kN、3.63 kN,试验梁 A-G-0、A-G-0.5、A-G-1.0、A-G-1.5 的极限荷载分别为 13.30 kN、13.50 kN、13.66 kN、14.57 kN。试验梁 A-G-0.5 较试验梁 A-G-0 的开裂荷载和极限荷载分别提高 2.78%、1.50%,试验梁 A-G-1.0 较试验梁 A-G-0 和试验梁 A-G-0.5 的开裂荷载与极限荷载分别提高 5.88%、2.70%,3.01%、1.18%。试验梁 A-G-1.5 较试验梁 A-G-0、A-G-0.5、A-G-1.0 的初始荷载与极限荷载分别提高 12.38%、9.54%,9.34%、

7.93% 、6.14% 、6.66% 。试验梁开裂前,由混凝土和玻璃纤维承担主要拉应力,而开裂荷载的大小主要与玻璃纤维掺量的大小有关。玻璃纤维掺量越大,试验梁的开裂荷载越大。混凝土开裂后,GFRP 筋逐渐屈服,此时由 GFRP 筋与玻璃纤维共同承担拉应力,而极限荷载的大小主要与玻璃纤维掺量的大小有关,玻璃纤维掺量越大,试验梁的极限荷载值越大。综合研究团队所进行的试验可知,加入玻璃纤维能够提高混凝土梁的抗渗性能,而混凝土梁抗渗性能增强则导致混凝土梁的孔隙率降低从而导致混凝土整体的密实性更好,最终体现在混凝土梁的开裂能力增强。综上所述,玻璃纤维对提高混凝土梁的开裂荷载与极限荷载有一定的帮助。

表 10.2　玻璃纤维 GFRP 筋混凝土梁实测荷载值

试验梁编号	玻璃纤维掺量/%	开裂荷载平均值/kN	极限荷载平均值/kN
A-G-0	0	3.23	13.30
A-G-0.5	0.5	3.32	13.50
A-G-1.0	1.0	3.42	13.66
A-G-1.5	1.5	3.63	14.57

10.6　三点受弯试验梁的荷载-挠度曲线

选取三组试验梁中具有代表性的 4 根进行综合对比分析。从图 10.14 可以看出,试验梁 A-G-0、A-G-0.5、A-G-1.0、A-G-1.5 的加载处挠度曲线在未开裂之前也就是处于弹性工作阶段时,4 根试验梁的挠度变化曲线基本相似均为直线变化趋势,此时拉应力由混凝土和玻璃纤维共同承载。当出现裂缝时,未掺入玻璃纤维的 GFRP 筋混凝土试验梁挠度变化较掺入玻璃纤维的 GFRP 筋混凝土试验梁更快。随着荷载的继续增加,试验梁 A-G-0.5、A-G-1.0、A-G-1.5 的曲线斜率较试验梁 A-G-0 变化更慢,但总体斜率均有所降低。从图中可以看出相同荷载之下,试验梁 A-G-1.5 的挠度最小,试验梁 A-G-1.0 与试验梁 A-G-0.5 次之,试验梁 A-G-0 的挠度值最大。当试验梁在相同挠度下时,试验梁 A-G-1.5

的荷载值最大,试验梁 A-G-1.0 与试验梁 A-G-0.5 次之,试验梁 A-G-0 的荷载值最小。原因在于:未加入玻璃纤维时,试验梁长期处于碱性环境和持续荷载作用,导致混凝土梁会形成一定的微裂缝,而碱性环境中的氢氧根离子会通过这些裂缝与 GFRP 筋发生反应导致 GFRP 筋的拉应力降低从而使得混凝梁所能承受的荷载降低;加入玻璃纤维后,一方面由于混凝土与玻璃纤维之间存在一定的黏性,导致混凝土梁受碱性环境和持续荷载作用后所形成的微裂缝减少,能与 GFRP 筋产生反应的氢氧根离子也相应减少,从而提高 GFRP 筋的性能,另一方面综合分析本试验方案中的微观试验以及相关文献可知,加入玻璃纤维之后,混凝土的抗压强度增大且内部孔隙率降低,从而导致混凝土的密实性更加优良,混凝土的抗裂性能提高。因此,掺入玻璃纤维能提高碱性环境和持续荷载作用下的 GFRP 混凝土梁的刚度和韧性。

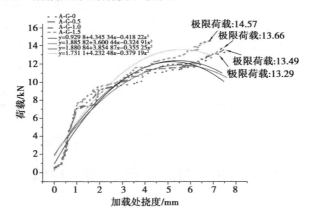

图 10.14   玻璃纤维 GFRP 筋混凝土梁荷载-挠度曲线

表 10.3   GFRP 筋混凝土梁荷载-挠度表

试验梁编号	玻璃纤维掺量/%	极限荷载平均值/kN	加载点最大挠度/mm	跨中最大挠度/mm
A-G-0	0	13.30	7.58	7.60
A-G-0.5	0.5	13.50	7.47	7.49
A-G-1.0	1.0	13.66	7.38	7.40
A-G-1.5	1.5	14.57	6.85	6.91

　　从表 10.3 中可以看出试验梁 A-G-0、试验梁 A-G-0.5、试验梁 A-G-1.0、试验梁 A-G-1.5 的极限荷载平均值随着玻璃纤维掺量的增加而逐步增加。加载点处的挠度与跨中挠度也随着玻璃纤维掺量的增加而逐步降低。试验梁 A-G-0.5 相比试验梁 A-G-0 的加载点处与跨中处挠度分别降低 1.45%、1.44%,试验梁 A-G-1.0 相比于试验梁 A-G-0 与 A-G-0.5 的加载点处与跨中处挠度分别降低 2.63%、2.63%、1.20%、1.20%,试验梁 A-G-1.5 相比试验梁 A-G-0、试验梁 A-G-0.5 与试验梁 A-G-1.0 的加载点处与跨中处挠度分别降低 9.63%、9.08%、8.30%、7.74%、7.18%、6.62%。这主要是由于玻璃纤维在混凝土开裂前后都起到了承担部分拉应力的作用且增加了混凝土梁的整体密实性,提高了混凝土梁的刚度与延性。

10.7　荷载-滑移曲线

　　如图 10.15 所示为试验梁在碱性环境和持续荷载下作用 450 d 后的混凝土与 GFRP 筋的荷载-滑移曲线。可以明显看出,随着玻璃纤维的掺入,混凝土与 GFRP 筋所能产生的相对滑移变大,荷载承受能力也越强。同一荷载下,试验梁 A-G-1.5 的滑移量最小,试验梁 A-G-1.0 的滑移量次之,试验梁 A-G-0.5 更次之,试验梁 A-G-0 的滑移量最大。同一滑移量下,试验梁 A-G-0 的荷载最小,试验梁 A-G-0.5 的荷载次之,试验梁 A-G-1.0 的荷载更次之,试验梁 A-G-1.5 的荷载最大。

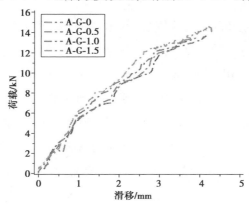

图 10.15　GFRP 筋与混凝土荷载-滑移曲线

表 10.4　GFRP 筋与混凝土荷载-滑移表

试验梁编号	玻璃纤维掺量/%	极限荷载平均值/kN	最大滑移值/mm
A-G-0	0	13.30	3.80
A-G-0.5	0.5	13.50	3.99
A-G-1.0	1.0	13.66	4.15
A-G-1.5	1.5	14.57	4.30

从表 10.4 中可以看出试验梁 A-G-0、试验梁 A-G-0.5、试验梁 A-G-1.0、试验梁 A-G-1.5 的极限荷载平均值随着玻璃纤维掺量的增加而逐步增加。混凝土与 GFRP 筋之间所产生的滑移量也增加。试验梁 A-G-0.5 相比于试验梁 A-G-0 的极限荷载增加 1.50%，最大滑移值增加 5%；试验梁 A-G-1.0 相比于试验梁 A-G-0 与 A-G-0.5 的极限荷载增加 2.70%、1.18%，最大滑移值增加 9.21%、4.01%；试验梁 A-G-1.5 相比于试验梁 A-G-0、A-G-0.5、A-G-1.0 的极限荷载增加 9.54%、7.93%、6.66%，最大滑移值增加 13.16%、7.77%、3.61%。这主要是由于玻璃纤维在混凝土开裂前后都起到了承担部分拉应力的作用且延迟缩短碱性环境中的氢氧根离子通过混凝土与 GFRP 筋的作用时间。

10.8　本章小结

本章对持续荷载和碱性环境侵蚀 450 d 后的不同玻璃纤维掺量的 GFRP 筋混凝土试验梁的四点抗弯裂缝扩展、破坏形态及荷载强度进行分析，探究其开裂荷载、极限荷载、GFRP 筋荷载-应变、试验梁荷载-挠度曲线与玻璃纤维掺量（0%、0.5%、1%、1.5%）之间的内在联系。得到的主要结论如下：

（1）试验梁在碱性环境和持续荷载作用 450 d 后进行的三点加载实验过程中所表现的试验现象基本相似，均为正截面受弯破坏。从四根试验梁的裂缝数量来看，试验梁 A-G-0 的裂缝条数为 5 条，试验梁 A-G-0.5 的裂缝条数为 5 条，试验梁 A-G-1.0 的裂缝数为 4 条，试验梁 A-G-1.5 的裂缝数为 4 条。当加入玻璃纤维后，试验梁 A-G-0.5、A-G-1.0、A-G-1.5 相较于未掺玻璃纤维的混凝土梁

A-G-0 局部细小裂纹明显减少,从而可知玻璃纤维的加入能有效减少混凝土梁的局部裂纹,抑制混凝土梁裂缝展开。

(2)玻璃纤维的加入能起到一定的阻裂作用,当试验梁未达到开裂荷载时,混凝土和玻璃纤维共同承担拉应力。当试验梁达到开裂荷载后,玻璃纤维和 GFRP 筋共同承担拉应力,由于受到碱性环境和持续荷载的共同作用,加入玻璃纤维会增强混凝土的黏性使碱性环境中的氢氧根离子减缓进入 GFRP 筋与之发生化学反应,延缓了 GFRP 筋的变形,从而提高了混凝土梁的极限承载力。未掺入玻璃纤维的试验梁 A-G-0 的开裂荷载与极限承载力均为最低,分别为 3.23 kN、13.20 kN,玻璃纤维掺量为 1.5% 的试验梁 A-G-1.5 的开裂荷载与极限承载力均为最高,分别为 3.63 kN、14.57 kN。

(3)在整个试验梁的加载过程中,玻璃纤维起到了承担一部分拉应力的作用,从而延缓了 GFRP 筋以及梁的变形。因此,掺入玻璃纤维能有效降低试验梁的挠度。试验梁 A-G-1.5 相比试验梁 A-G-0、试验梁 A-G-0.5 与试验梁 A-G-1.0,加载点处与跨中处挠度分别降低 9.63%、9.08%、8.30%,7.74%、7.18%、6.62%,这主要是由于玻璃纤维在混凝土开裂前后都起到了承担部分拉应力的作用且增加了混凝土梁的整体密实性,提高了混凝土梁的刚度与延性。

(4)在整个试验梁的加载过程中,玻璃纤维起到了黏结作用,缩短了碱性环境中的水分子与氢氧根离子与 GFRP 筋发生反应的时间,从而使混凝土-GFRP 筋界面黏结性能增强。试验梁 A-G-1.5 相比于试验梁 A-G-0、A-G-0.5、A-G-1.0,极限荷载增加 9.54%、7.93%、6.66%,最大滑移值增加 13.16%、7.77%、3.61%。这主要是由于玻璃纤维在混凝土开裂前后都起到了承担部分拉应力的作用且延迟缩短了碱性环境中的氢氧根离子通过混凝土与 GFRP 筋的作用时间。

第 11 章 碱性-持续荷载耦合作用下 GFRP 筋玻璃纤维混凝土中 GFRP 筋抗拉性能试验

11.1 引　言

本章对碱性环境与持续荷载作用下 GFRP 筋玻璃纤维混凝土梁中 GFRP 筋进行试验研究,分析玻璃纤维对 GFRP 筋表观与表观形态、抗拉性能、吸湿性能的影响,为其运用于实际工程提供参考。

11.2 试验方法与形貌特征分析

11.2.1 试验方法

1)抗拉强度试验

GFRP 筋在混凝土构件中的主要作用表现在对抗拉强度的影响。根据 ACI 440.3R-04 及 ASTM D 3916 规定方法对不同环境下玻璃纤维混凝土梁中 GFRP 筋进行抗拉强度试验,用宏观力学性能的退化表征不同环境下玻璃纤维混凝土梁下 GFRP 筋抗拉强度性能变化情况。玻璃纤维 GFRP 筋混凝土梁中 GFRP 筋的抗拉性能主要以抗拉强度作为标准。为了不影响拉伸试验的结果,需将玻璃纤维 GFRP 筋混凝土梁中 GFRP 筋表面残余的混凝土去除干净,置于室内通风处,至其完全风干后进行拉伸试验。依据国家标准《拉挤玻璃纤维增强塑料杆力学性能试验方法》(GB/T 13096—2008)[176]中所规定的拉挤玻璃纤维增强塑料杆拉伸性能试验方法进行试验。拉伸试验由 SHT4305 型微机控制电液伺服万能试验机控制,对 GFRP 筋抗拉强度进行测量,加载速率为 2 mm/min,加载数据由数据采集系统自动收集,试验仪器如图 11.1 所示。

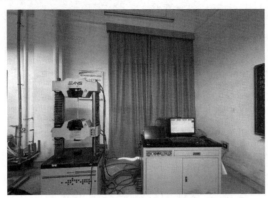

图 11.1　电液伺服万能试验机及数据采集系统

2)吸湿率

碱性环境和荷载耦合是影响 GFRP 筋吸湿率的主要外界因素。本试验根据 ASTMD5229 规定方法对碱性环境和荷载耦合玻璃纤维混凝土梁中 GFRP 筋及自然环境和荷载耦合玻璃纤维混凝土梁中 GFRP 筋的吸湿率进行测试及分析。本试验参照 ASTM D5229 中的规定对碱性溶液环境下玻璃纤维 GFRP 筋混凝土梁中 GFRP 筋进行吸湿性能试验。

待玻璃纤维混凝土梁达到对应龄期后,将 GFRP 筋从碱性环境中取出,然后将其分割成 50 mm 的吸湿试样,每组试验 6 个,如图 11.2 所示。将 GFRP 筋表面擦干,然后用精度为 0.001 g 的天平进行测量,随后放进 80 ℃的高温干燥室进行干燥处理,待最后一次称其质量无变化时结束试验。

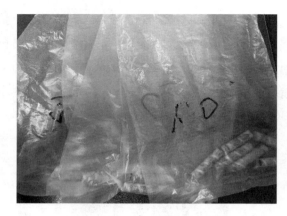

图 11.2　GFRP 筋吸湿试样

11.2.2　表观形态分析

由图 11.3 可以看出，不同玻璃纤维掺量混凝土梁中 GFRP 筋的表观形态大体一致。这主要是由于玻璃纤维混凝土梁长时间处于碱性环境与持续荷载环境中。玻璃纤维混凝土长时间处于持续荷载的环境下，导致玻璃纤维混凝土梁产生一系列的微裂缝，而碱性环境中的氢氧根离子则通过这些裂缝通道与GFRP 筋表面的玻璃纤维发生反应，进而导致玻璃纤维混凝土梁内 GFRP 筋表面发生坑蚀现象。

图 11.3(a)、(b)、(c)、(d)中所示为不同玻璃纤维体积率的 GFRP 筋混凝土梁，可以明显发现 A-G-0 梁中 GFRP 筋表面坑蚀现象最为严重，其表面白色状晶体分布均匀密集；A-G-0.5 梁中 GFRP 筋表面较 A-G-0 表面坑蚀现象更好，其表面白色状晶体较 A-G-0 梁中 GFRP 筋少；A-G-1.0 梁中 GFRP 筋表面坑蚀现象良好，且 GFRP 筋表面白色状晶体相比于 A-G-0 梁中 GFRP 筋与 A-G-0.5梁中 GFRP 筋也明显减少；A-G-1.5 梁中 GFRP 筋表面坑蚀现象在 4 种玻璃纤维体积率混凝土梁中最好，且 GFRP 筋表面白色晶体最少。分析原因：玻璃纤维混凝土中的玻璃纤维与一部分渗透至混凝土梁中的氢氧根离子先发生了反应，导致渗透至 GFRP 筋表面的氢氧根离子减少，从而有效抑制了氢氧根离子与 GFRP 筋表面发生化学反应。

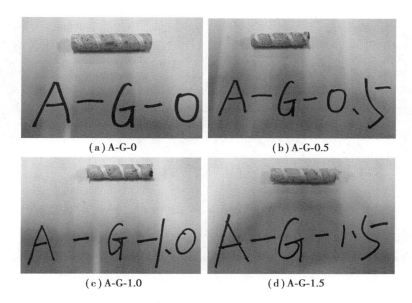

(a) A-G-0　　　　　　　　　　　　(b) A-G-0.5

(c) A-G-1.0　　　　　　　　　　　(d) A-G-1.5

图 11.3　玻璃纤维混凝土梁内 GFRP 筋 450 d 后表观形态

11.2.3　微观形态分析

通过 SEM 对碱性环境和持续荷载共同作用下的 GFRP 筋形貌变化进行观测。由于混凝土梁内的 GFRP 筋受到混凝土与玻璃纤维的保护,只是间接受到碱性环境与持续环境的侵蚀,而混凝土梁外的 GFRP 筋则直接暴露在碱性环境中直接受到侵蚀。本小节主要探讨裸露在梁外的 GFRP 筋与梁内的 GFRP 筋的侵蚀情况对比以及玻璃纤维掺量对混凝土梁内 GFRP 筋侵蚀情况的影响。

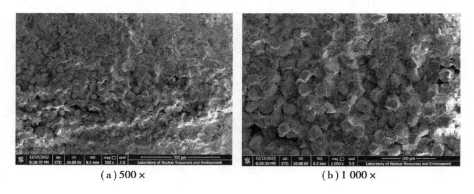

(a) 500×　　　　　　　　　　　　(b) 1 000×

（c）2 000× （d）3 000×

图 11.4　持续荷载碱性环境下 450 d 后混凝土梁外 GFRP 筋微观形态

如图 11.4 所示为混凝土梁外 GFRP 筋在遭受持续荷载与碱性环境作用 450 d 后的微观形态结构图,碱性环境对 GFRP 筋的侵蚀主要表现为聚合物基体的塑化与水解以及基体-纤维界面的破坏及纤维的损伤。如图 11.4(c)、(d)所示,GFRP 筋横断断面松散现象明显,GFRP 筋树脂存在明显散落的碎片且 GFRP 筋横断面有明显的“坑蚀”现象,这是由于碱性环境中的 H_2O 分子与 OH^- 离子通过 GFRP 筋试样的孔隙和裂缝渗入至基体,导致乙烯基酯树脂基体劣化膨胀至产生裂缝,从而使碱性环境中的 OH^- 离子进一步到达基体-纤维界面,降低了 GFRP 筋基体-纤维界面的黏结性能,使 GFRP 筋基体-纤维界面分离,导致 GFRP 筋横断面出现“松散”现象。随着 OH^- 离子可以通过的裂缝通道增多,大量的 OH^- 离子通过裂缝继续进入玻璃纤维表面,从而使玻璃中的碱金属氧化物失去稳定性,进而呈现了 GFRP 筋横断面的“坑蚀”现象。时间的积累与反应的持续作用导致 OH^- 离子不断破坏玻璃纤维的骨架从而使 GFRP 筋丧失承载力。

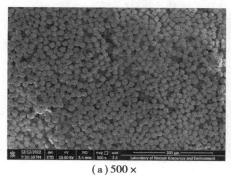

（a）500× （b）1 000×

(c) 2 000×   (d) 3 000×

图 11.5 持续荷载碱性环境下 450 天后混凝土梁内 GFRP 筋微观形态

如图 11.5 所示为混凝土梁内 GFRP 筋在遭受持续荷载与碱性环境作用 450 d 后的微观形态结构图,与混凝土梁外 GFRP 筋在遭受持续荷载与碱性环境作用 450 d 后的微观形态结构图相比,混凝土梁内 GFRP 筋也存在一定的 GFRP 筋表面松散现象以及 GFRP 筋横断面存在一定的散落碎片以及相对较轻的"坑蚀"现象。这是由于碱性环境的 H_2O 分子与 OH^- 离子进入混凝土-GFRP 筋界面的速率降低,导致 H_2O 分子与 OH^- 离子与乙烯基酯树脂基体的反应速率降低,进而导致劣化膨胀至产生裂缝的速率降低,但是由于混凝土浇筑过程中搅拌不均匀而导致混凝土梁内部有较多"微裂缝"形成加上人为施加的持续荷载,使原有"微裂缝"不断扩展以及"新裂缝"的不断形成,导致过多的 H_2O 分子与 OH^- 离子通过这些裂缝通道进入混凝土-GFRP 筋表面与之反应,使乙烯基酯树脂基体逐渐膨胀至破裂产生裂缝从而使碱性环境中的 OH^- 离子进一步到达基体-纤维界面,从而降低了 GFRP 筋基体-纤维界面的黏结性能,使 GFRP 筋基体-纤维界面分离,导致 GFRP 筋横断面出现"松散"现象。随着 OH^- 离子可以通过的裂缝通道增多,大量的 OH^- 离子通过裂缝继续进入玻璃纤维表面,从而使玻璃中的碱金属氧化物失去稳定性,进而呈现了 GFRP 筋横断面的"坑蚀"现象。时间的积累与反应的持续作用导致 OH^- 离子不断破坏玻璃纤维的骨架从而使 GFRP 筋丧失承载力。

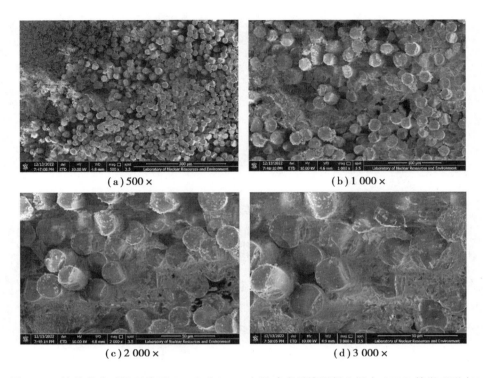

图 11.6　持续荷载碱性环境下 450 d 后 0.5% 含量玻璃纤维混凝土梁内 GFRP 筋微观形态

　　如图 11.6 所示为玻璃纤维掺量为 0.5% 的混凝土梁内 GFRP 筋在遭受持续荷载与碱性环境作用 450 d 后的微观形态结构图。如图 11.6(c)、(d) 所示，GFRP 筋横断面较不掺玻璃纤维的混凝土梁内 GFRP 筋横断面相对光滑但仍有少许的散落碎片，GFRP 筋表面松散现象与"坑蚀"不明显。这是由于混凝土中玻璃纤维的存在阻碍了碱性环境的 H_2O 分子与 OH^- 离子通过裂缝和由于持续荷载所形成的裂缝进入混凝土-GFRP 筋界面，玻璃纤维不仅使混凝土中各物质与材料的黏结性能增强，使混凝土基体材料之间的裂缝较少，而且还能承受部分的拉应力。由于玻璃纤维的存在，碱性环境的 H_2O 分子与 OH^- 离子进入混凝土-GFRP 筋界面的难度增大，导致 H_2O 分子与 OH^- 离子与乙烯基脂树脂基体反应的速率降低，从而抑制了 OH^- 离子进一步到达基体-纤维界面，进而使能与玻璃中的碱金属氧化物发生反应的 OH^- 减少，可见玻璃纤维的加入能有效抑制 GFRP 筋的损伤。

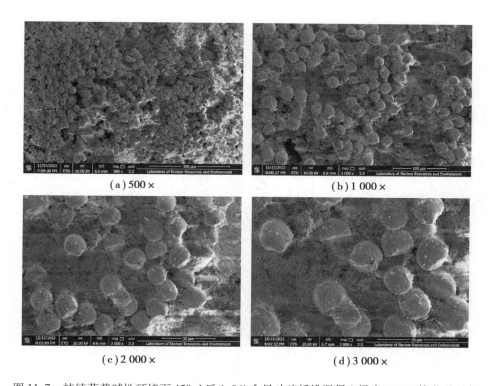

（a）500×　　　　　　　　　　（b）1 000×

（c）2 000×　　　　　　　　　　（d）3 000×

图 11.7　持续荷载碱性环境下 450 d 后 1.0% 含量玻璃纤维混凝土梁内 GFRP 筋微观形态

　　如图 11.7 所示为玻璃纤维掺量为 1.0% 的混凝土梁内 GFRP 筋在遭受持续荷载与碱性环境作用 450 天后的微观形态结构图。如图 11.7(c)、(d) 所示，GFRP 筋横断面较玻璃纤维掺量为 0.5% 的混凝土梁内 GFRP 筋横断面相对光滑但仍有少许的散落碎片，GFRP 筋表面松散现象与"坑蚀"不明显。这是由于混凝土中玻璃纤维体积分数增大，进而更有效地阻碍了碱性环境的 H_2O 分子与 OH^- 离子通过浇筑原因所形成的裂缝和由于持续荷载所形成的裂缝进入混凝土-GFRP 筋界面。玻璃纤维体积分数的增大不仅使混凝土中各物质与材料的黏结性能更强，使混凝土基体材料之间的裂缝更少，更使承受拉应力也相应增大。由于玻璃纤维的存在，碱性环境的 H_2O 分子与 OH^- 离子进入混凝土-GFRP 筋界面的难度增大，导致 H_2O 分子与 OH^- 离子与乙烯基酯树脂基体反应的速率降低，从而抑制了 OH^- 离子进一步到达基体-纤维界面，进而使能与玻璃中的碱金属氧化物发生反应的 OH^- 减少，可见玻璃纤维体积分数掺量为 1.0% 的混凝土梁较玻璃纤维掺量为 0.5% 的混凝土梁能更加有效抑制 GFRP 筋的损伤。

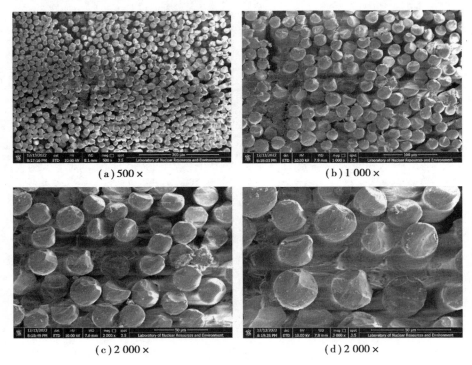

(a) 500× (b) 1 000×

(c) 2 000× (d) 2 000×

图 11.8　持续荷载碱性环境下 450 d 后 1.5% 含量玻璃纤维混凝土梁内 GFRP 筋微观形态

　　如图 11.8 所示为玻璃纤维掺量 1.5% 的混凝土梁内 GFRP 筋在遭受持续荷载与碱性环境作用 450 d 后的微观形态结构图。如图 11.8(c)、(d) 所示，GFRP 筋横断面较玻璃纤维掺量为 1.0% 的混凝土梁内 GFRP 筋横断面更加光滑，且表面的散落物少，无明显"坑蚀"现象。这是由于混凝土梁内玻璃纤维掺量增多，导致所能承受的拉应力增强，混凝土梁内的黏结性能增强，混凝土梁浇筑时期内部所产生的微裂缝也减少。玻璃纤维掺入量的提高，不仅可以有效抵制碱性环境的 H_2O 分子与 OH^- 离子进入混凝土-GFRP 筋界面，而且可以降低碱性环境的 H_2O 分子与 OH^- 离子与玻璃的反应时间，从而保护 GFRP 筋的性能。

　　综上所述，玻璃纤维的加入能有效改善持续荷载与碱性环境作用下 GFRP 筋的性能，降低碱性环境中的 H_2O 分子与 OH^- 离子与 GFRP 筋发生反应的速率，缩短碱性环境的 H_2O 分子与 OH^- 离子与 GFRP 筋的反应时间。且玻璃纤维掺量为 1.5% 的 GFRP 筋玻璃纤维混凝土梁较玻璃纤维掺量为 1.0% 的 GFRP 筋玻璃纤维混凝土梁与玻璃纤维掺量为 0.5% 的 GFRP 筋玻璃纤维混凝土梁以及不掺玻璃纤维的 GFRP 筋混凝土梁的改善结果更为明显。

11.3　抗拉性能分析

11.3.1　GFRP 筋破坏形态

在 GFRP 筋的拉拔试验中,GFRP 筋拉拔试验过程可以分为三个时期。最开始进行的为平稳期,平稳期的荷载一般为极限荷载的 0.25 ~ 0.3,这个时期的试验现象为试验过程中无明显声音;第二个时期为剥离期,剥离期的荷载一般为极限荷载的 0.6 ~ 07,这个时期的试验现象为试验过程中可以听 GFRP 筋剥离所发生的声音,声音的类型为间断性脱落声;第三个时期为 GFRP 筋的破坏期,破坏期的荷载为极限荷载的 0.8 左右,这个时期的试验现象为试验过程的末期可以听到玻璃纤维彻底破裂的声音。图 11.9 所示为本试验所选取的具有代表性的 GFRP 筋的破坏形态,均为散射式破坏。

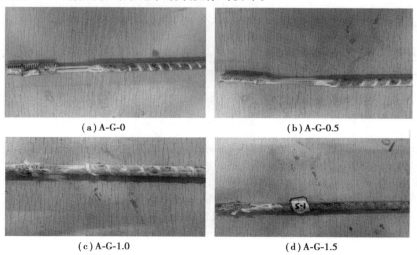

|（a）A-G-0 | （b）A-G-0.5 |
|（c）A-G-1.0 | （d）A-G-1.5 |

图 11.9　GFRP 筋受拉破坏形态

11.3.2　抗拉强度

表 11.1 列举了原厂 GFRP 筋刚进入试验室时所测得的数据以及 GFRP 筋在玻璃纤维混凝土梁中遭受到碱性环境和持续荷载共同作用 450 d 后所测得的数据。

表 11.1　不同玻璃纤维含量混凝土梁中 GFRP 筋拉伸试验结果

试件编号	温度 /℃	环境	玻璃纤维 掺量/%	持续 荷载	浸没 时间/d	抗拉强度/MPa		
						平均值	保留率 /%	变异 系数/%
		原厂 GFRP 筋				1 197.4	100	1.67
A-G-0			0			825.0	68.9	4.14
A-G-0.5	20	碱性 环境	0.5	25%	450	848.1	70.8	3.98
A-G-1.0			1.0			878.6	73.4	3.91
A-G-1.5			1.5			913.6	76.3	3.42

从表 11.1 得知,混凝土梁中玻璃纤维掺量对 GFRP 筋抗拉强度起到了一定的增强作用。当玻璃纤维掺量为 0% 时,遭受碱性环境和持续荷载作用的梁中 GFRP 筋的抗拉强度为 825.0 MPa;当玻璃纤维掺量为 0.5% 时,它的抗拉强度为 848.1 MPa,相比于未掺玻璃纤维的混凝土梁中 GFRP 筋抗拉强度提高了 2.80%;玻璃纤维掺量为 1.0% 时,它的抗拉强度为 878.6 MPa,相比于玻璃纤维掺量为 0.5% 的混凝土梁中 GFRP 筋抗拉强度提高了 6.43%;玻璃纤维掺量为 1.5% 时,它的抗拉强度为 913.6 MPa,相比于玻璃纤维掺量为 1.0% 的混凝土梁中 GFRP 筋抗拉强度提高了 3.98%。从上述数据分析可以看出:在混凝土梁中加入玻璃纤维可以有效抑制 GFRP 筋抗拉强度的衰退,这主要是由于玻璃纤维的加入使得碱性环境中的氢氧根离子在持续荷载作用所造成的裂缝通道中先与其发生,导致与 GFRP 筋的反应减缓,从而对 GFRP 筋形成一定的保护作用。

11.4　吸湿性能分析

从表 11.2 中可以看出加入玻璃纤维能有效地抑制氢氧根离子在 GFRP 筋内部扩散,且玻璃纤维掺量越高,其吸湿率越低。

表 11.2　不同玻璃纤维含量混凝土梁中 GFRP 筋吸湿率

试件编号	高温前平均质量/g	高温后平均质量/g	吸湿率/%
A-G-0	7.578	7.551	0.35
A-G-0.5	7.401	7.377	0.33
A-G-1.0	7.283	7.260	0.32
A-G-1.5	7.176	7.154	0.30

11.5　抗拉性能损伤机理

根据前期试验分析可知,玻璃纤维混凝土环境下 GFRP 筋抗拉强度的退化主要包含三个过程,分别为树脂基体的水解、玻璃纤维的腐蚀、界面层的脱黏等。

(1)玻璃纤维被水溶液和氢氧根离子腐蚀导致玻璃纤维中的硅氧骨架被破坏,被破坏的硅氧键继续与周围的水分子发生水解反应,生成大量的氢氧根离子。

(2)随着水分子的大量消耗,二氧化碳溶解于孔隙液的水溶液中,生成一定量的碳酸并与水化产物氢氧化钙发生碳化反应。

(3)GFRP 筋浸泡在碱性溶液时,氢氧根离子和水分子通过渗透或者扩散的方式向内部移动,其较高的流动性使得它能直接穿过弯曲微裂缝与 GFRP 筋直接接触发生反应。由于持续荷载的存在,GFRP 筋一直处于受拉状态,而 GFRP 筋树脂基体中的孔隙会形成应力集中而生成微裂缝,而氢氧根离子和水分子会通过这些裂缝渗透至 GFRP 筋内部,从而加速 GFRP 筋力学性能的退化。

11.6　本章小结

本章主要对经过持续荷载和碱性环境侵蚀作用(450 d)后的不同玻璃纤维掺量(0%、0.5%、1.0%、1.5%)混凝土梁内 GFRP 筋进行抗拉性能试验和混凝土梁内外 GFRP 筋微观形态分析。对持续荷载和碱性环境侵蚀作用(450 d)后的 GFRP 筋抗拉性能进行分析,进一步阐述了 GFRP 筋在持续荷载和碱性环境中的性能变化情况。通过与未掺纤维的 GFRP 筋对比分析其表观形态、微观形态、抗拉性能和吸湿性能变化规律和相应关系。得到的主要结论如下:

(1)未掺入玻璃纤维的混凝土梁中 GFRP 筋表面坑蚀现象最为严重,其表面白色状晶体分布均匀密集;试验梁 A-G-0.5 中 GFRP 筋表面较 A-G-0 表面坑蚀现象更好,其表面白色状晶体较 A-G-0 梁中 GFRP 筋更少;A-G-1.0 梁中 GFRP 筋表面坑蚀现象良好,且 GFRP 筋表面白色状晶体相比于 A-G-0 梁中与 A-G-0.5 梁中 GFRP 筋也明显减少;A-G-1.5 梁中 GFRP 筋表面坑蚀现象在 4 种玻璃纤维体积率混凝土梁中最好,且 GFRP 筋表面白色晶体最少。

(2)未掺入玻璃纤维的 GFRP 筋混凝土梁内 GFRP 筋与梁外 GFRP 筋微观结构形态图差异较大。混凝土梁外 GFRP 筋横断断面松散现象明显,GFRP 筋树脂存在明显散落的碎片且 GFRP 筋横断面有明显的"坑蚀"现象存在。混凝土梁内 GFRP 筋微观结构形态图相较于梁外 GFRP 筋微观结构形态存在差异但仍然有松散现象以及"坑蚀"现象存在,这主要是由于梁内 GFRP 筋有混凝土的保护,能延缓碱性环境中的水分子和氢氧根离子进入 GFRP 筋表面的时间,但由于长时间处于碱性环境中,混凝土梁内的 GFRP 筋也会由于持续荷载的存在一直处于受拉状态从而导致 GFRP 筋表面出现裂缝进而出现"坑蚀"现象。玻璃纤维的加入能抵挡由持续荷载造成的部分拉应力,这将延缓水分子、氢氧根离子与 GFRP 筋发生反应,且能增加混凝土基体的黏结性能,使混凝土由于前期浇筑原因所形成的裂缝减少,从而进一步抵消碱性环境对 GFRP 筋所造成的影响。

　　(3)混凝土梁内 GFRP 筋的抗拉性能随着玻璃纤维掺量的增加均相应加强,但都低于原厂强度。当玻璃纤维掺量为 0% 时,遭受碱性环境和持续荷载作用的梁中 GFRP 筋的抗拉强度为 825.0 MPa;当玻璃纤维掺量为 0.5% 时,它的抗拉强度为 848.1 MPa,相比于未掺玻璃纤维的混凝土梁中 GFRP 筋,抗拉强度提高了 2.80%;玻璃纤维掺量为 1.0% 时,它的抗拉强度 878.6MPa,相比于玻璃纤维掺量为 0.5% 的混凝土梁中 GFRP 筋,抗拉强度提高了 6.43%;玻璃纤维掺量为 1.5% 时,它的抗拉强度为 913.6 MPa,相比于玻璃纤维掺量为 1.0% 的混凝土梁中 GFRP 筋,抗拉强度提高了 3.98%。

　　(4)混凝土梁内 GFRP 的吸湿性能均随着玻璃纤维掺量的增大而减小,试验梁 A-G-0 的吸湿率为 0.35%,试验梁 A-G-0.5 的吸湿率为 0.33%,试验梁 A-G-1.0 的吸湿率为 0.32%,试验梁 A-G-1.5 的吸湿率为 0.30%。

第 12 章　碱性-持续荷载耦合作用下 GFRP 筋玻璃纤维混凝土梁 ABAQUS 模拟研究

12.1　引　言

ABAQUS 软件具有强大非线性分析计算功能,可以计算结构以及材料处于不同环境时其内部变化情况。由于试验样本以及试验数量受到局限性的影响,GFRP 筋玻璃纤维混凝土梁内部玻璃纤维以及 GFRP 筋的状态无法得知。而采用有限元模拟的方法进行模拟试验,不仅可以观察内部材料的变化情况,而且可以减少试验用量,降低碳排放。本章通过 ABAQUS 软件建立 GFRP 筋玻璃纤维混凝土梁模型研究玻璃纤维掺量对其的影响,并与前文试验所得数据进行比较,研究玻璃纤维最佳掺量。

12.2　ABAQUS 中玻璃纤维生成方法介绍

目前采用 ABAQUS 软件开展玻璃纤维混凝土梁的模拟相对较少,大部分学者进行有限元模拟试验时,均未在模型中掺入玻璃纤维,而是直接采用试验测得不同玻璃纤维掺量的玻璃纤维混凝土应力-应变曲线、抗压强度、劈裂抗拉强度、弹性模量等来建立模型,而这种方法无法观测玻璃纤维在模型中的变化情况,故本章采用在模型中加入玻璃纤维探究不同玻璃纤维掺量的混凝土梁在模型中的变化情况。

在建立玻璃纤维混凝土梁模型时,需要重点考虑的是玻璃纤维如何生成问题、玻璃纤维的分布问题、玻璃纤维属性问题。

由于混凝土梁体积相较于玻璃纤维体积而言相差巨大,故需要生成数量级较大的玻璃纤维。以玻璃纤维掺量为 0.5% 的混凝土为例,考虑到实际工程中玻璃纤维在掺入混凝土中时会出现成团现象,故本研究将玻璃纤维的直径由 0.02 mm 扩大为 0.2 mm,这样单个玻璃纤维的体积为 1.130 4 mm^3,而混凝土梁的体积为 9 680 000 mm^3,当玻璃纤维掺量为 0.5% 时,所需玻璃纤维数量为 42 815 个。而 ABAQUS 有限元软件中无法直接生成玻璃纤维模型,需要采用 Matlab 软件编写生成玻璃纤维的程序,如图 12.1 所示,但若用软件直接生成 42 815 个玻璃纤维则需要相当长的时间,故在进行玻璃纤维生成时,选择叠加生成,这样可以解决因为玻璃纤维数量多导致的建模时间过长的问题。

图 12.1　玻璃纤维生成程序

玻璃纤维的分布问题采用随机分布的方式解决,通过形成不同分布方式的 wire1-30 并最终叠加到一起形成所需的玻璃纤维,如图 12.2 所示。GFRP 筋属性设置和玻璃纤维属性设置问题分别见表 12.1 和表 12.2。

1）GFRP 筋

本试验考虑到 GFRP 筋的经济适用性，采用无碱玻璃纤维（E-glass）与乙烯基酯树脂（Vinyl ester）拉挤成型制作而成的玻璃纤维筋，相关参数见表 12.1。外观为乳白色，表面处理方式为螺旋状喷砂处理，每段螺旋长 $L = 14$ mm，高 $h = 0.325$ mm，总长为 1 180 mm，如图 12.2 所示。

表 12.1 GFRP 筋性能参数

材料名称	直径/mm	极限荷载/kN	抗拉强度/MPa	弹性模量/GPa
GFRP 筋	10	96.3	1 233.1/MPa	51.3

图 12.2 GFRP 筋

2）玻璃纤维

玻璃纤维由汇祥纤维工厂提供，如图 12.3 所示。玻璃纤维详细性能参数见表 12.2。

表 12.2 玻璃纤维性能指标

抗拉强度/MPa	断裂伸长率/%	弹性模量/GPa	密度/(kg·m⁻³)	线密度/dtex
1700	3.0	70	2.5	8.12

图 12.3　玻璃纤维

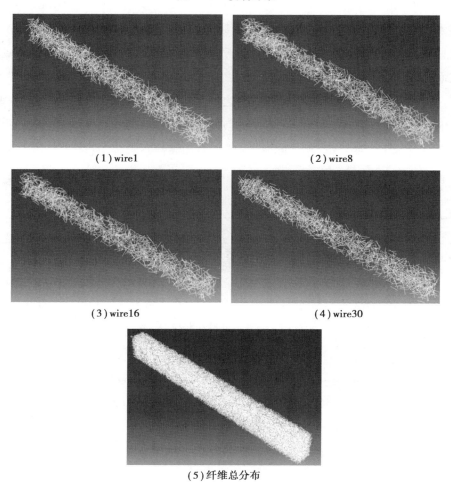

（1）wire1　　　　　　　　　　　　　　（2）wire8

（3）wire16　　　　　　　　　　　　　（4）wire30

（5）纤维总分布

图 12.4　纤维随机分布示意图

12.3　混凝土梁本构模型参数

　　碱性-持续荷载耦合作用下玻璃纤维混凝土内部水化产物并没有发生明显变化,其主要变化集中于玻璃纤维混凝土表面,碱性-持续荷载耦合作用对其内部的影响较小。故在进行有限元分析时,假定玻璃纤维混凝土的损伤本构模型符合普通混凝土的塑性本构模型。ABAQUS 中的损伤塑性模型采用碱性环境下无玻璃纤维掺入的混凝土抗压强度试验所得试验数据,混凝土的弹性模量计算见表 12.3。从计算结果看,ACI. 318-77 与《混凝土结构设计规范》较为接近,进而参考标准 GB 50010—2010 计算得出应力与非弹性应变、损伤与非弹性应变、应力与开裂应变、损伤与开裂应变之间的关系。玻璃纤维变量采用前文中玻璃纤维的相关参数,掺量由 Matlab 程序随机生成。此外,混凝土塑性损伤模型还需要确定一些数据,例如膨胀角、偏心率和黏性系数等,具体数值参考文献见表 12.3。

表 12.3　ABAQUS 模型混凝土弹性模量计算数据

建议者	f_{cu}/MPa	计算公式	结果/$(N \cdot mm^{-2})$
CEB-FIP MC90	28.1	$E_c = \sqrt{0.1 f_{cu} + 0.8} \times 2.15 \times 10^4$	32 951
ACI. 318-77	28.1	$E_c = 4\ 789 \sqrt{f_{cu}}$	25 392
苏联	28.1	$E_c = \dfrac{10^5}{1.7 + (36/f_{cu})}$	33 544
中国	28.1	$E_c = \dfrac{10^5}{2.2 + (34.7/f_{cu})}$	29 117

表 12.4　混凝土塑性损伤模型参数

膨胀角	偏心率	f_{b0}/f_{c0}	k	黏性参数
30	0.1	1.16	0.667	0.000 5

12.4　模型的建立与选取

12.4.1　模型建立

模型的建立以建筑成型的 GFRP 筋玻璃纤维混凝土梁尺寸为标准。模型采用分离式建模,一共包含了钢垫块、玻璃纤维、混凝土、GFRP 筋 4 个部件,如图 12.5 所示。其中玻璃纤维体积较小,在 Matlab 编程时让它均匀分布在整个梁中。

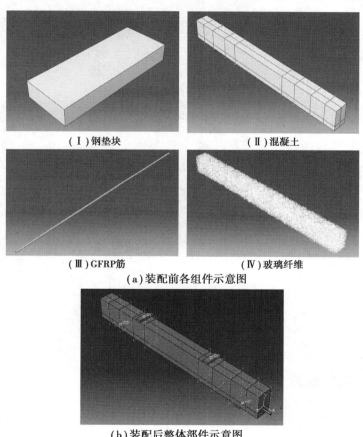

（Ⅰ）钢垫块　　　　　　　　（Ⅱ）混凝土

（Ⅲ）GFRP筋　　　　　　　（Ⅳ）玻璃纤维

（a）装配前各组件示意图

（b）装配后整体部件示意图

图 12.5　部件装配示意图

12.4.2　边界条件

边界条件的划分如图 12.6 所示，加载方式为位移加载。

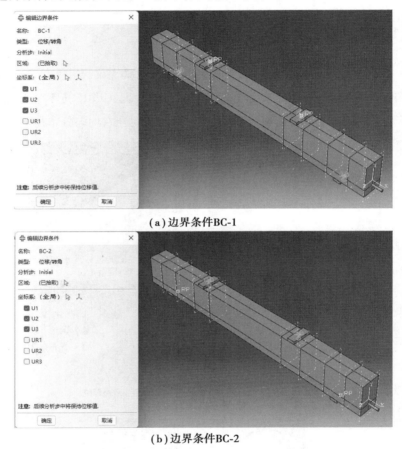

（a）边界条件BC-1

（b）边界条件BC-2

图 12.6　边界条件划分图

12.4.3　网格划分

由于梁的受力复杂且计算精度要求较高，但要是网格划分过于细密则会导致计算过程过于复杂，所以网格划分单元长度设置为 10 mm，具体部件网格划分如图 12.7 所示。

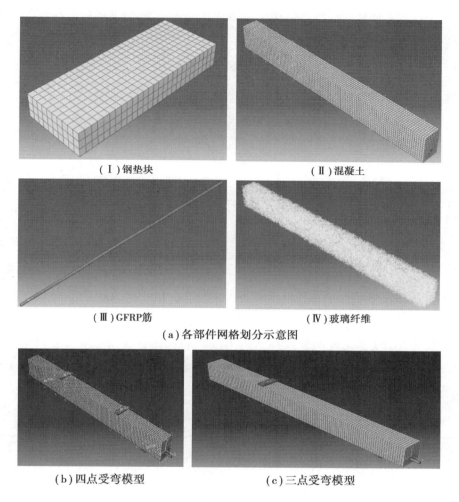

（Ⅰ）钢垫块

（Ⅱ）混凝土

（Ⅲ）GFRP筋

（Ⅳ）玻璃纤维

（a）各部件网格划分示意图

（b）四点受弯模型

（c）三点受弯模型

图 12.7　装配后整体网格划分示意图

12.5　四点弯曲试验模型验证

12.5.1　GFRP 筋玻璃纤维混凝土梁荷载-挠度分析

通过 ABAQUS 软件对 GFRP 筋玻璃纤维混凝土梁进行模拟,得出玻璃纤维混凝土梁在不同玻璃纤维掺量(0%、0.5%、1.0%、1.5%)下的极限荷载以及相应挠度的数值,相应数据见表 12.5。

表 12.5　模拟四点弯曲承载力参数

纤维含量/%	极限荷载/kN	极限挠度/mm
0	14.85	16.69
0.5	14.87	16.03
1.0	15.21	14.83
1.5	16.04	14.09

由四点模拟数据结果可知,玻璃纤维的加入能够改变模拟所得出的极限荷载以及极限挠度。随着玻璃纤维数量的增加,其极限荷载与极限挠度的数值也相应增大和减小。当玻璃纤维掺量为 1.5% 时,GFRP 筋玻璃纤维混凝土梁的极限荷载最大,相对于无玻璃纤维掺入的 GFRP 筋混凝土梁提高了 7.41%;极限挠度最小,对于无玻璃纤维掺入的 GFRP 筋混凝土梁降低了 16.11%。表 12.6 与表 12.7 分别列举了模拟极限荷载/试验极限荷载、模拟极限挠度/试验极限挠度之间的关系。

表 12.6　GFRP 筋极限荷载比较

纤维含量/%	试验极限荷载/kN	模拟极限荷载/kN	模拟极限荷载/试验极限荷载
0	16.32	14.85	0.91
0.5	16.53	14.87	0.90
1.0	16.54	15.21	0.92
1.5	17.63	16.04	0.91

表 12.7　GFRP 筋极限挠度比较

纤维含量/%	试验极限挠度/mm	模拟极限挠度/mm	模拟极限挠度/试验极限挠度
0	18.35	16.69	0.91
0.5	17.24	16.03	0.93

续表

纤维含量/%	试验极限挠度/mm	模拟极限挠度/mm	模拟极限挠度/试验极限挠度
1.0	16.48	14.83	0.90
1.5	15.32	14.09	0.92

由试验结果与模拟结果的比值可知,模拟极限荷载/试验极限荷载均在 0.90 ~0.92 范围内,模拟极限挠度/试验极限挠度均在 0.90 ~0.93 范围内,可见模拟误差均在 10% 之内,效果较好。误差存在的原因可能是由于梁受碱性环境与持续荷载的同时影响,且玻璃纤维也会受到碱性环境与持续荷载的影响。但无论通过试验还是通过模拟都可以得出:出玻璃纤维的持续加入使梁的极限荷载逐渐增大,且当玻璃纤维掺量为 1.5% 时,梁的抗承载力最高,可见在混凝土梁中掺入玻璃纤维可以提高梁的极限承载力,能抵消一部分由于碱性环境和持续荷载对梁承载力的影响。

12.5.2　GFRP 筋玻璃纤维混凝土梁竖向位移云图

四点受弯试验较为复杂,测量多个目标点的竖向位移较为困难,而通过 ABAQUS 软件进行模拟可以得到整个梁的位移变化情况。如图 12.8 所示分别为玻璃纤维含量为 0%、0.5%、1.0%、1.5% 的 GFRP 筋玻璃纤维混凝土梁在增量步为一半与结束时的竖向位移变化情况,从梁的颜色变化情况可以清晰看到梁的竖向位移变化情况。从梁的支座位移来看,当玻璃纤维掺量为 0% 时,支座处的位移最小,玻璃纤维掺量为 1.5% 时支座处的位移最大;玻璃纤维掺量为 1% 的梁相较于玻璃纤维掺量为 1.5% 的梁,支座处位移更小。从梁的左上顶端点位移来看,玻璃纤维掺量为 0% 时,梁的位移最小;当玻璃纤维掺量为 1.5% 时,梁的位移最大。由于梁的两个加载点并不是完全的一条直线,说明两个加载点处有一小段过渡之后才进入平直段。利用 ABAQUS 软件模拟可以观测到梁的竖向位移变化过程中的细微变化。

Step=500

Step=937

（a）玻璃纤维含量为0%

Step=500

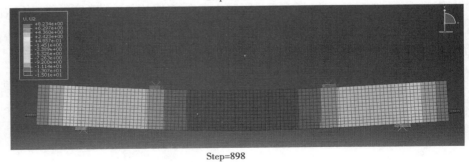

Step=898

（b）玻璃纤维含量为0.5%

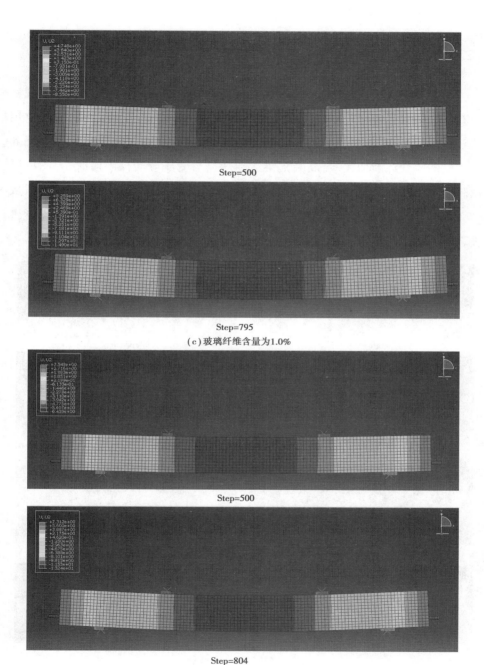

Step=500

Step=795

（c）玻璃纤维含量为1.0%

Step=500

Step=804

（d）玻璃纤维含量为1.5%

图 12.8　GFRP 筋玻璃纤维混凝土梁竖向位移变化云图

12.5.3 GFRP 筋玻璃纤维混凝土梁应变云图

图 12.9 为 GFRP 筋混凝土梁的应变云图,分别截取 4 个相应的增量步观察混凝土梁的应变变化规律及随着玻璃纤维掺量增大时混凝土梁的应变变化规律。从图(a)—图(d)可以看出当纤维掺量为定值时随着荷载增加,GFRP 筋混凝土梁的应变逐渐增大,当混凝土梁达到受拉与受压应变极限值时,云图可以反映两个关键荷载点,分别为开裂荷载与极限荷载。当玻璃纤维掺量逐渐从0% 增加到 1.5% 时,荷载值的大小可以反映出梁的承载能力,从图中可以看出玻璃纤维掺量为 1.5% 时,梁的承载能力最好。

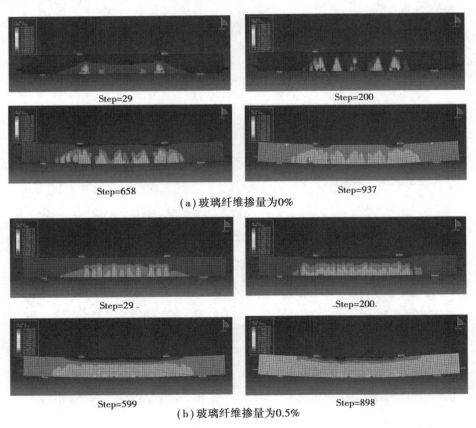

Step=29

Step=200

Step=658

Step=937

（a）玻璃纤维掺量为0%

Step=29

Step=200

Step=599

Step=898

（b）玻璃纤维掺量为0.5%

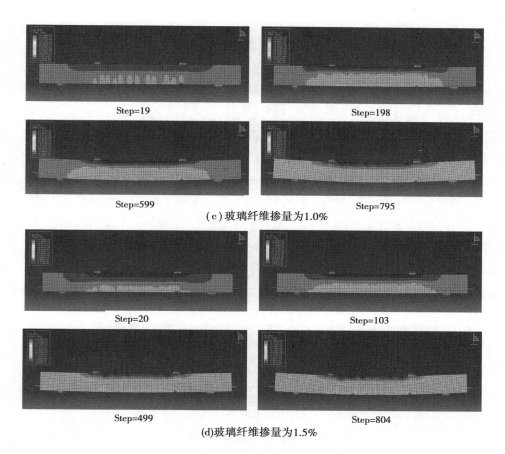

图 12.9　GFRP 筋混凝土梁的应变云图

12.5.4　GFRP 筋应力云图

从图 12.10 可以看出,玻璃纤维掺量分别为 0%、0.5%、1.0%、1.5% 的混凝土梁中 GFRP 筋的最大应力分别为 406.0 MPa、403.8 MPa、432.5 MPa、401.5 MPa,可以看出 GFRP 筋的最大应力大概都处于 403.8～432.5 MPa 范围之内,均小于 GFRP 筋试验平均拉应力,这就说明了 GFRP 筋纤维混凝土的破坏模式为受压破坏,且试验证明 GFRP 筋混凝土梁内部的 GFRP 筋并没有被拉断,说明玻璃纤维的掺入对 GFRP 筋的应变变化影响较小。

（a）玻璃纤维掺量为0%

（b）玻璃纤维掺量为0.5%

（c）玻璃纤维掺量为1.0%

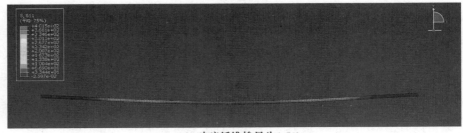

（d）玻璃纤维掺量为1.5%

图 12.10　混凝土梁中 GFRP 筋应变云图

12.5.5　GFRP 筋玻璃纤维混凝土梁损伤云图

在有限元分析中,为防止刚度阵出现奇异性,往往将损伤值由 1 改为趋近于 1 的值,本研究在模型建立时将模型的最大损伤值设置为 0.976。图 12.11 所示为 GFRP 筋玻璃纤维混凝土梁受压损伤以及受拉损伤分布图。从图中可以看出,没有掺入玻璃纤维时,混凝土梁受压损伤区间主要集中于梁的上部,而掺入玻璃纤维之后,混凝土梁的受压损伤区间主要集中于上下两个区间,且无玻璃纤维掺入时混凝土梁加载点两处的损伤最大达到 0.976。玻璃纤维掺入后,混凝土梁加载点两处的损伤程度较无玻璃纤维掺入的混凝土梁小;从受拉损伤分布图可以看出,加入玻璃纤维之后,混凝土梁的损伤分布更加集中,可见玻璃纤维的加入使混凝土梁整体参与抵抗损伤,使梁抗损伤强度增大。

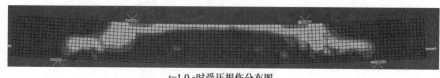

$t=1.0$ s时受压损伤分布图

$t=1.0$ s时受拉损伤分布图

（a）玻璃纤维掺量为0%

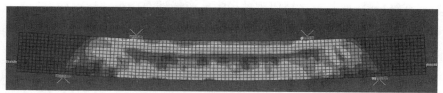

$t=1.0$ s时受压损伤分布图

$t=1.0$ s时受拉损伤分布图

（b）玻璃纤维掺量为0.5%

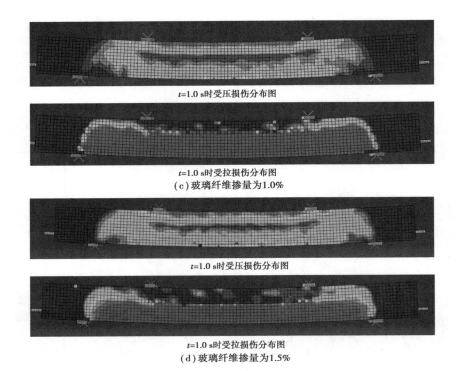

t=1.0 s时受压损伤分布图

t=1.0 s时受拉损伤分布图
（c）玻璃纤维掺量为1.0%

t=1.0 s时受压损伤分布图

t=1.0 s时受拉损伤分布图
（d）玻璃纤维掺量为1.5%

图 12.11　GFRP 筋混凝土梁损伤分布

12.5.6　GFRP 筋玻璃纤维混凝土梁中玻璃纤维应变云图

由于以往研究者们在利用 ABAQUS 软件研究玻璃纤维混凝土梁时没有采用玻璃纤维部件，而是直接采用改进后的玻璃纤维混凝土塑性本构模型来建立模型，因此无法观测到玻璃纤维内部的情况。本研究用 Matlab 软件生成随机分布的玻璃纤维部件来观测玻璃纤维内部的变化情况。

玻璃纤维掺量分别为 0.5%、1.0%、1.5% 的混凝土梁内部玻璃纤维的应变变化情况如图 12.12 所示，在进行玻璃纤维应变变化分析时，取三个增量步截点，分别为 step=100、step=400+、step=分析完成。如图中（a）（b）（c）所示分别为玻璃纤维掺量为 0.5%、1.0%、1.5% 时三个截点玻璃纤维应变分布情况。可以看出随着增量步的增加，玻璃纤维的应变逐渐增大，且从图中可以看出玻璃纤维能承担部分的拉应力，从而延缓梁的变形。当玻璃纤维掺量为 1.5% 时，玻璃纤维所能达到的应变值最高，混凝土梁的抗弯能力最好。

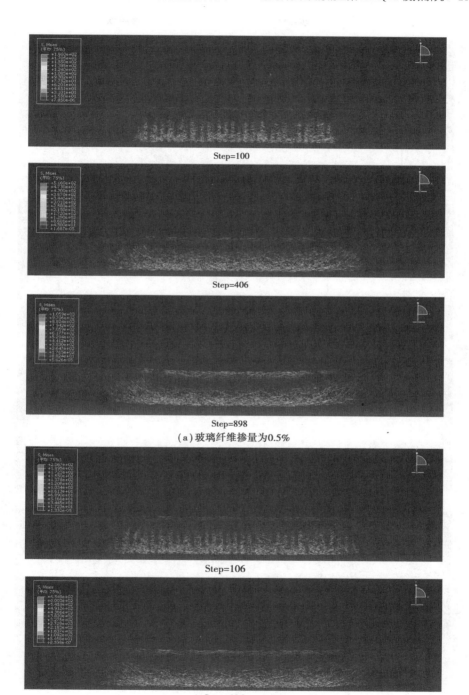

Step=100

Step=406

Step=898

(a) 玻璃纤维掺量为0.5%

Step=106

Step=406

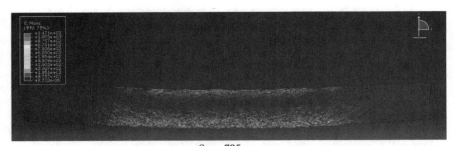

Step=795

（b）玻璃纤维掺量为1.0%

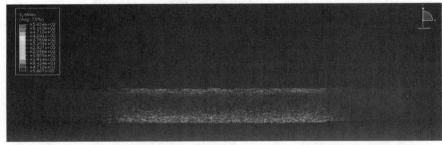

Step=103

Step=401

Step=804

（c）玻璃纤维掺量为1.5%

图12.12 混凝土梁内部玻璃纤维的应变变化

12.6　三点弯曲试验模型验证

12.6.1　GFRP 筋玻璃纤维混凝土梁荷载-挠度分析

通过 ABAQUS 软件对 GFRP 筋玻璃纤维混凝土梁进行模拟得出玻璃纤维混凝土梁在不同玻璃纤维掺量下(0%、0.5%、1.0%、1.5%)的极限荷载以及相应挠度的数值,相应数据见表12.8。

表 12.8　模拟三点弯曲承载力参数

纤维含量/%	加载点极限荷载/kN	加载点极限挠度/mm
0	13.30	7.57
0.5	13.50	7.46
1.0	13.66	7.38
1.5	14.57	6.85

由三点弯曲试验模拟数据结果可知,玻璃纤维的加入能够改变模拟所得出的极限荷载以及极限挠度。随着玻璃纤维数量的增加,其极限荷载与极限挠度的数值也相应增大和减小。当玻璃纤维掺量为 1.5% 时,GFRP 筋玻璃纤维混凝土梁的极限荷载最大,相对于无玻璃纤维掺入的 GFRP 筋混凝土梁提高 8.78%,极限挠度最小,相对于无玻璃纤维掺入的 GFRP 筋混凝土梁降低 9.51%。表 12.9 与表 12.10 分别列举了模拟极限荷载/试验极限荷载、模拟极限挠度/试验极限挠度之间的关系。

表 12.9　GFRP 筋极限荷载比较

纤维含量/%	加载点试验极限荷载/kN	加载点模拟极限荷载/kN	模拟极限荷载/试验极限荷载
0	13.29	11.96	0.90
0.5	13.49	12.27	0.91

续表

纤维含量/%	加载点试验 极限荷载/kN	加载点模拟极限 荷载/kN	模拟极限荷载 /试验极限荷载
1.0	13.65	12.14	0.89
1.5	14.57	13.40	0.92

表 12.10　GFRP 筋极限挠度比较

纤维含量/%	加载点试验 极限挠度/mm	加载点模拟极限 挠度/mm	模拟极限挠度 /试验极限挠度
0	7.58	6.89	0.91
0.5	7.47	6.64	0.89
1.0	7.38	6.49	0.88
1.5	6.85	6.30	0.92

由试验结果与模拟结果的比值可知,模拟极限荷载/试验极限荷载均在 0.89 ~0.92 之内,模拟极限挠度/试验极限挠度均在 0.88 ~0.92 之内,可见模拟误差均在 10% 之内,效果较好。误差存在的原因可能是梁受碱性环境与持续荷载的同时影响,且玻璃纤维也会受到碱性环境与持续荷载的影响,而模拟无法使玻璃纤维受到持续荷载和碱性环境的影响。但无论通过试验还是通过模拟都可以得出:玻璃纤维的持续加入使梁的极限荷载逐渐增大,且当玻璃纤维掺量为 1.5% 时,梁的抗承载力最高。可见在混凝土梁中掺入玻璃纤维可以提高梁的极限承载力,能抵消一部分碱性环境和持续荷载对梁承载力的影响。

12.6.2　GFRP 筋玻璃纤维混凝土梁竖向位移云图

三点受弯试验较为复杂,测量多个目标点的竖向位移较为困难,而通过 ABAQUS 软件进行模拟可以得到整个梁的位移变化情况。图 12.13 所示分别为玻璃纤维掺量为 0%、0.5%、1.0%、1.5% 的 GFRP 筋玻璃纤维混凝土梁在增量步为一半与结束时的竖向位移变化情况,从梁的变化情况可以清晰看到梁的竖向位移变化情况。从梁的支座位移来看，当玻璃纤维掺量为 0% 时，支座处的位移最小，玻璃纤维掺量为 1.5% 时支座处的位移最大，玻璃纤维掺量为 1.0% 的梁比玻璃纤维掺量 1.5% 的梁支座处位移更小。利用 ABAQUS 软件模拟可以观测到梁的竖向位移变化过程中的细微变化。

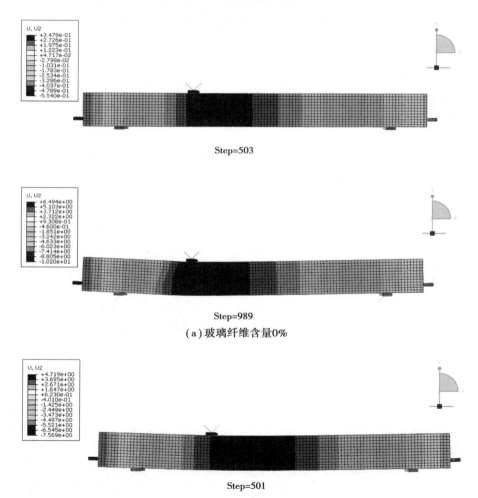

Step=503

Step=989

（a）玻璃纤维含量0%

Step=501

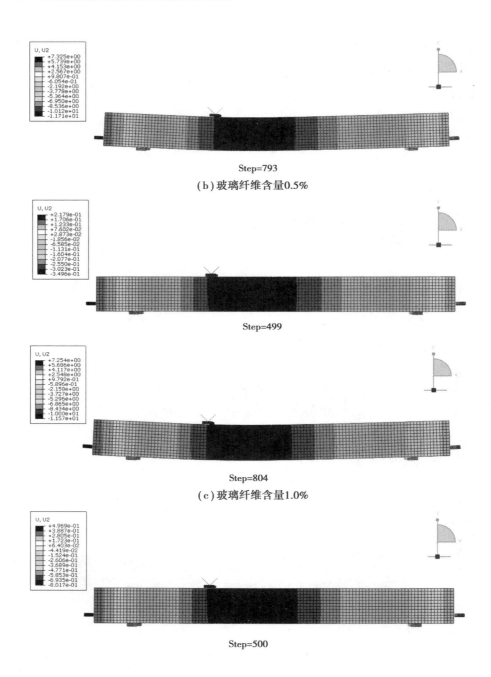

Step=793

（b）玻璃纤维含量0.5%

Step=499

Step=804

（c）玻璃纤维含量1.0%

Step=500

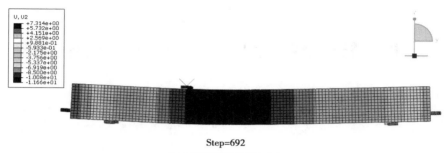

Step=692

(d) 玻璃纤维含量1.5%

图 12.13 GFRP 筋玻璃纤维混凝土梁竖向位移变化云图

12.6.3 GFRP 筋玻璃纤维混凝土梁应变云图

图 12.14 为 GFRP 筋混凝土梁的应变云图,分别截取 4 个相应的增量步观察混凝土梁的应变变化规律及随着玻璃纤维掺量增大时混凝土梁的应变变化规律。从图(a)—图(d)可以看出当纤维掺量为定值时,随着荷载增加,GFRP 筋混凝土梁的应变逐渐增大,当混凝土梁达到受拉与受压应变极限值时,云图可以反映两个关键荷载点,分别为开裂荷载与极限荷载。当玻璃纤维掺量逐渐从 0% 增加到 1.5% 时,荷载值的大小可以反映出梁的承载能力,从图中可以看出玻璃纤维掺量为 1.5% 时,梁的承载能力最好。

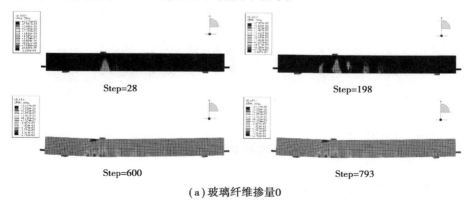

Step=28

Step=198

Step=600

Step=793

(a) 玻璃纤维掺量0

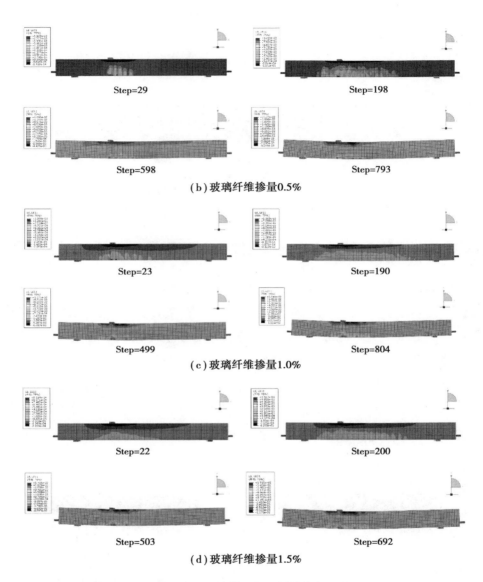

Step=29 Step=198

Step=598 Step=793

(b) 玻璃纤维掺量0.5%

Step=23 Step=190

Step=499 Step=804

(c) 玻璃纤维掺量1.0%

Step=22 Step=200

Step=503 Step=692

(d) 玻璃纤维掺量1.5%

图 12.14　GFRP 筋混凝土梁的应变云图

12.6.4　GFRP 筋应力云图

从图 12.15 可以看出,玻璃纤维掺量分别为 0%、0.5%、1.0%、1.5% 的混凝土梁中 GFRP 筋的最大应力分别为 376.6 MPa、414.5 MPa、420.8 MPa、453.0

MPa。在 GFRP 筋混凝土三点受弯模拟中，GFRP 筋的最大应力，随着玻璃纤维的逐渐增大而增大。在玻璃纤维掺量为 1.5% 时，GFRP 筋的最大应力相较于无玻璃纤维掺入的 GFRP 筋的最大应力增加了 16.8%。

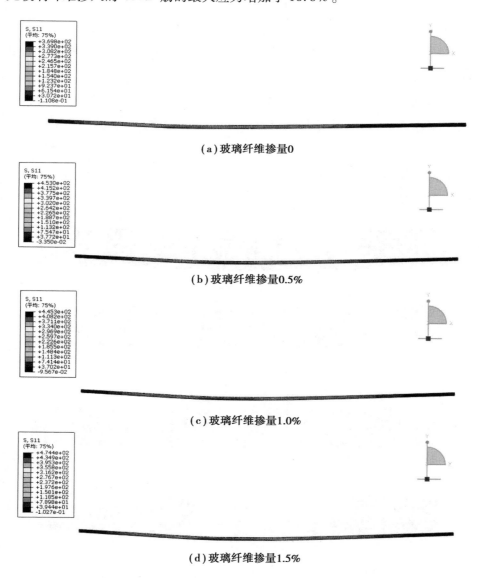

(a) 玻璃纤维掺量0

(b) 玻璃纤维掺量0.5%

(c) 玻璃纤维掺量1.0%

(d) 玻璃纤维掺量1.5%

图 12.15　混凝土梁中 GFRP 筋应变云图

12.6.5　GFRP 筋玻璃纤维混凝土梁损伤云图

在有限元分析中,为防止刚度阵出现奇异性,所以往往将损伤值由 1 改为趋近于 1 的值,本研究在模型建立时将模型的最大损伤值设置为 0.976。图 12.16 所示为 GFRP 筋玻璃纤维混凝土受压损伤以及受拉损伤分布图。从图中可以看出,没有掺入玻璃纤维时,混凝土梁受压损伤区间主要集中于梁的上部,而掺入玻璃纤维之后,混凝土梁的受压损伤区间主要集中于上下两个区间,且无玻璃纤维掺入时混凝土梁加载点处的损伤最大达到 0.976,玻璃纤维掺入后混凝土梁加载点两处的损伤程度较无玻璃纤维掺入的混凝土梁小;从受拉损伤分布图可以看出,加入玻璃纤维之后,混凝土梁的损伤分布更加集中,可见玻璃纤维的加入使混凝土梁整体参与抵抗损伤,使梁抗损伤能力增大。

t=1.0 s时受压损伤分布图

t=1.0 s时受拉损伤分布图

（a）玻璃纤维掺量0

t=1.0 s时受压损伤分布图

t=1.0 s时受拉损伤分布图

（b）玻璃纤维掺量0.5%

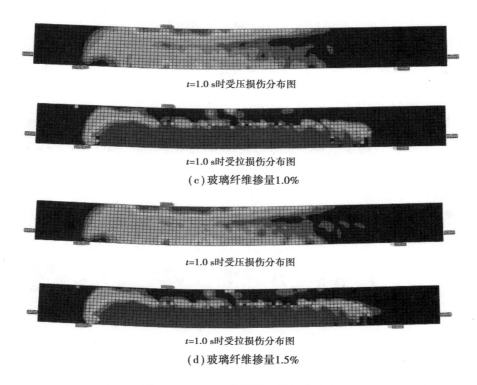

$t=1.0\ \mathrm{s}$时受压损伤分布图

$t=1.0\ \mathrm{s}$时受拉损伤分布图

（c）玻璃纤维掺量1.0%

$t=1.0\ \mathrm{s}$时受压损伤分布图

$t=1.0\ \mathrm{s}$时受拉损伤分布图

（d）玻璃纤维掺量1.5%

图 12.16　GFRP 筋混凝土梁损伤分布

12.6.6　GFRP 筋玻璃纤维混凝土梁中玻璃纤维应变云图

由于以往研究者们在利用 ABAQUS 软件研究玻璃纤维混凝土梁时没有采用玻璃纤维部件,而是直接采用改进后的玻璃纤维混凝土塑性本构模型来建立模型,因此无法观测到玻璃纤维内部的情况,故本研究用 Matlab 软件生成随机分布的玻璃纤维部件来观测玻璃纤维内部的变化情况。

玻璃纤维掺量分别为 0.5%、1.0%、1.5%的混凝土梁内部玻璃纤维的应变变化情况如图 12.17 所示。在进行玻璃纤维应变变化分析时,取三个增量步截点,分别为 step=100、step=400+、step=分析完成,如图中(a)(b)(c)所示分别为玻璃纤维掺量为 0.5%、1.0%、1.5%时三个截点玻璃纤维应变分布情况。可以看出:随着增量步的增加,玻璃纤维的应变逐渐增大,且从图中可以看出玻璃纤维能承担部分的拉应力,从而延缓梁的变形。当玻璃纤维掺量为 1.5% 时,玻璃纤维所能达到的应变值最高,混凝土梁的抗弯能力最好。

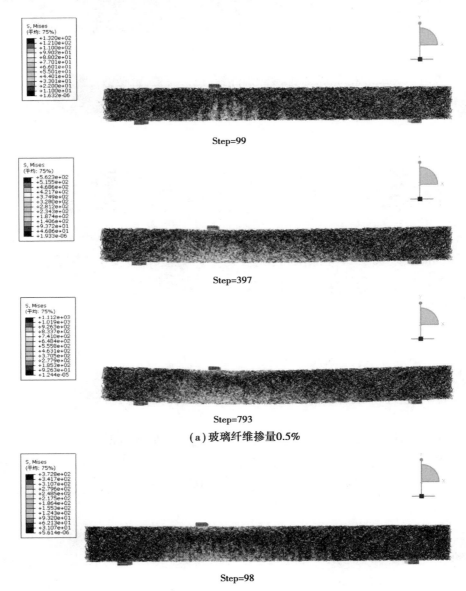

(a) 玻璃纤维掺量0.5%

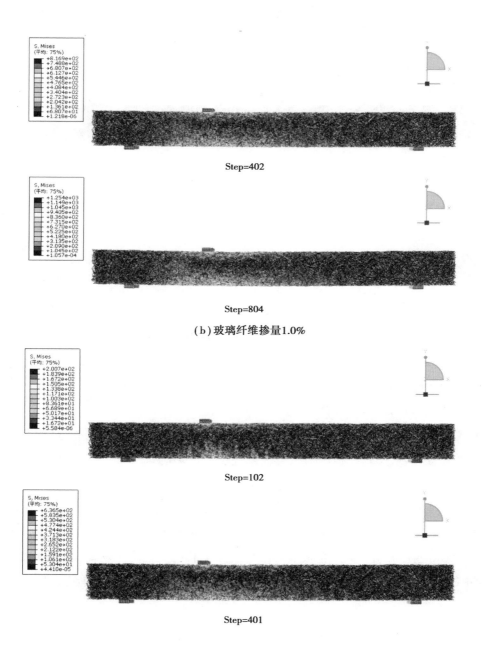

（b）玻璃纤维掺量1.0%

Step=692
（c）玻璃纤维掺量1.5%

图 12.17　混凝土梁内部玻璃纤维的应变变化

12.7　本章小结

本章利用 ABAQUS 软件对 GFRP 筋玻璃纤维混凝土梁进行四点受弯、三点受弯模拟，并从多个方面研究了玻璃纤维对 GFRP 筋混凝土梁的影响，为今后 GFRP 筋玻璃纤维混凝土结构的应用设计作出了一定的贡献。具体结论如下：

（1）利用 Matlab 软件编写玻璃纤维随机生成的程序，可解决因玻璃纤维数量大而造成的建模难等问题。

（2）利用有限元分析玻璃纤维掺量对 GFRP 筋混凝土梁四点受弯、三点受弯模型裂缝演化过程、极限荷载与极限挠度值的影响，模拟值与试验值基本吻合，说明模型的建立具有一定的可靠度。

（3）通过分析不同玻璃纤维掺量混凝土梁的竖向位移、应变、损伤演化可以得出：玻璃纤维掺量为 1.5% 时，梁的抗弯性能最好。

（4）通过分析不同掺量玻璃纤维应变随荷载的变化规律发现：玻璃纤维含量为 1.5% 时，玻璃纤维所能达到的应变值最高，混凝土梁的抗弯能力最好。

参考文献

［1］刘志强，白琴琴，唐荣，等. 再生骨料在混凝土中的应用［C］// 第八届全国砂石骨料行业科技大会论文集. 湖州，2021：72-77.

［2］杨桂权，阎慧群，郑祖成. 再生混凝土应用优势与经济性分析［J］. 建筑经济，2013，34(7)：86-88.

［3］王兴国，李力，王文华. 再生混凝土性能特点及应用前景［J］. 河南理工大学学报(自然科学版)，2012，31(1)：95-99.

［4］WANG B，YAN L B，FU Q N，et al. A comprehensive review on recycled aggregate and recycled aggregate concrete［J］. Resources，Conservation and Recycling，2021，171：105565.

［5］PLAZA P，SÁEZ DEL BOSQUE I F，FRÍAS M，et al. Use of recycled coarse and fine aggregates in structural eco-concretes. Physical and mechanical properties and CO_2 emissions［J］. Construction and Building Materials，2021，285：122926.

［6］ETH HIT e-science Lab Zurich，Switzerland. ［13. Jun. 2020］；Available from：https：// www. baumschlager-eberle. com/en/work/projects/projek

［7］TAN Y Y，DOH S I，CHIN S C. Eggshell as a partial cement replacement in concrete development［J］. Magazine of Concrete Research，2018，70(13)：662-670.

［8］刘坚，吴城斌. 再生混凝土发展现状及性能研究［J］. 混凝土，2018(6)：148-150.

［9］KUDER K G，GUPTA R，LOWRIE K，et al. Practical test method and use of novel temperature development index for evaluating concrete development[J]. Experimental Techniques, 2011, 35(4): 17-22.

[10] 王骅. 国内外混凝土行业现状及发展趋势[J]. 混凝土世界, 2010(1): 10-16.

[11] XAVIER B C, GOMES A E, MELO M L, et al. Study of three distinct self-compacting concretes containing marble/granite powder and hooked-end steel fiber contents [J]. Journal of Composite Materials, 2021, 55 (20): 2823-2838.

[12] WANG Z Y, BI J H, HE R G, et al. A meso-mechanical model for post-cracking tensile constitutive behavior of steel fiber reinforced concrete[J]. Construction and Building Materials, 2021, 296: 123625.

[13] DANG T D, TRAN D T, NGUYEN-MINH L, et al. Shear resistant capacity of steel fibres reinforced concrete deep beams: An experimental investigation and a new prediction model[J]. Structures, 2021, 33: 2284-2300.

[14] ZAID O, AHMAD J, SIDDIQUE M S, et al. A step towards sustainable glass fiber reinforced concrete utilizing silica fume and waste coconut shell aggregate [J]. Scientific Reports, 2021, 11: 12822.

[15] 陆俊, 王建苗, 李静, 等. 纤维增强再生混凝土抗拉性能的研究进展[J]. 建材技术与应用, 2021(5): 8-13.

[16] 张晓艳, 汪富资, 李如, 等. 高温蒸汽养护下超早强钢纤维混凝土试验研究[J]. 混凝土, 2019(8): 156-160.

[17] 尹世平, 华云涛, 徐世烺. FRP 配筋混凝土结构研究进展及其应用[J]. 建筑结构学报, 2021, 42(1): 134-150.

[18] 李世豪. GFRP 筋混凝土柱轴压力学性能分析[D]. 郑州: 华北水利水电大学, 2020.

[19] 杨泽宇. GFRP 筋混凝土柱海水环境下性能研究[D]. 沈阳: 沈阳建筑大学, 2018.

[20] WRIGHT J, RUSSELL S B, WORCESTER J R, et al. Discussion: Questions

in reinforced concrete design [J]. Transactions of the American Society of Civil Engineers, 1910, 70(5): 72-133.

[21] ROMUALDI J P, BATSON G B. Mechanics of crack arrest in concrete[J]. Journal of the Engineering Mechanics Division, 1963, 89(3): 147-168.

[22] SWAMY R N, MANGAT P. S. A theory for the flexural strength of steel fiber reinforced concrete [J]. Cement and Concrete Research, 1974, 4(2): 313-325.

[23] SWAMY R N, MANGAT P. S. A reply to Rajagopalan and Parameswaran's discussion of "Influence of fiber geometry on the properties of steel fiber reinforced concrete" [J]. Cement and Concrete Research, 1975, 5(2): 191-193.

[24] THOMAS W. B and DONALD N. P. Fiber Reinforced Methacrylate Polymer Concrete[J]. Journal Proceedings, 1982, 79(4).

[25] KITISAK V, ANTOINE E N. Fracture Model for Fiber Reinforced Concrete [J]. Journal Proceedings, 1983, 80(2).

[26] 代若愚. 预应力玻璃纤维混凝土受弯构件力学性能及正截面承载力研究 [D]. 昆明: 昆明理工大学, 2009.

[27] MAJUMDAR A J, NURSE R W. Glass fibre reinforced cement[J]. Materials Science and Engineering, 1974, 15(2/3): 107-127.

[28] 曹永康, 吴万春. 玻璃纤维增强混凝土管介绍[J]. 中国建材科技, 1986 (04): 47-48.

[29] 刘宁东. 耐碱玻璃纤维增强混凝土管[J]. 建材工业信息, 1984(13): 7.

[30] 马虎臣. 抗碱玻璃纤维增强混凝土屋面板的研制[J]. 混凝土与水泥制品, 1990(2): 54-56.

[31] BARZIN M, SURENDRA P. S. Test Parameters for Evaluating Toughness of Glass Fiber Reinforced Concrete Panels [J]. Materials Journal, 1989, 86 (5).

[32] PARVIZ S, ATEF T, MAKOTO Y, et al. Durability Characteristics of

Polymer-Modified Glass Fiber Reinforced Concrete［J］. Materials Journal, 1993, 90(1).

［33］ BIN M , CHRISTIAN M. Bending and Punching Shear Strength of Fiber-Reinforced Glass Concrete Slabs［J］. Materials Journal, 2003, 100(2).

［34］杨焜, 汪俊杰, 喻展展, 等. 再生混凝土国内外研究现状综述［J］. 山西建筑, 2018, 44(5): 100-101.

［35］陈卫明, 郑玉莹, 颜培松. 再生混凝土研究进展［J］. 中国建材科技, 2009, 18(4): 89-93.

［36］黄靓, 杨梦, 邓鹏, 等. 纤维增强海砂再生混凝土基本力学性能研究［J］. 混凝土, 2021(6): 149-154.

［37］邬丹, 郑易, 柳蕴, 等. 再生混凝土抗冻性能研究现状［J］. 中小企业管理与科技, 2021(07): 181-182.

［38］ MAKUL N, FEDIUK R, AMRAN M, et al. Design strategy for recycled aggregate concrete: A review of status and future perspectives［J］. Crystals, 2021, 11(6): 695.

［39］ MALHOTRA V M. Recycled concrete—a new aggregate［J］. Canadian Journal of Civil Engineering, 1978, 5(1): 42-52.

［40］ HANSEN T C, NARUD H. Strength of recycled concrete MadeFrom crushed concrete coarse aggregate［J］. Concrete International, 1983, 5(1).

［41］ MOSTAFA T and PARVIZ S. Strengths of Recycled Aggregate Concrete Made Using Field-Demolished Concrete as Aggregate［J］. Materials Journal, 1996, 93(2).

［42］ NEJAD F M, AZARHOOSH A R, HAMEDI G H. The effects of using recycled concrete on fatigue behavior of hot mix asphalt［J］. Journal of Civil Engineering and Management, 2014, 19(Supplement_1): S60-S68.

［43］ HANUMESH B, HARISH B, VENKATA RAMANA N. Influence of polypropylene fibres on recycled aggregate concrete［J］. Materials Today: Proceedings, 2018, 5(1): 1147-1155.

［44］赵华，高益康，田乾，等．再生混凝土研究发展现状及评述［J］．青海交通科技，2021，33（3）：1-11.

［45］罗晴，王曦，白世华，等．再生细骨料的研究现状与发展建议［J］．四川建材，2021，47（3）：30.

［46］武广凤．废弃混凝土再生利用研究进展［J］．枣庄学院学报，2021，38（2）：52-55.

［47］樊小帅，沈乾洲．混凝土材料的研究现状和发展应用［J］．砖瓦，2021（02）：32-33.

［48］孔琳洁．利用建筑废弃物制备再生骨料混凝土的现状分析［J］．江西建材，2021（1）：16-17.

［49］杨和贤，冯家诚．FRP 约束再生混凝土柱的研究综述［J］．广东建材，2021，37（1）：67-69.

［50］孙冰，陈国梁，张宏龙，等．再生混凝土变形性能研究进展［J］．混凝土，2019（9）：39-42.

［51］胡玉珊，邢振贤．粉煤灰掺入方式对再生混凝土强度的影响［J］．新型建筑材料，2003（5）：26-27.

［52］肖建庄，李标，杨钱荣，等．复合改性再生混凝土抗氯离子渗透性能［J］．混凝土与水泥制品，2019（10）：1-5.

［53］霍俊芳，白笑笑，姜鹏飞，等．钢纤维和聚丙烯纤维再生混凝土力学性能研究［J］．混凝土，2019（8）：92-95.

［54］段珍华，侯少丹，潘智生，等．再生细骨料混凝土流变性及其对强度和耐久性的影响［J］．建筑结构学报，2020，41（S2）：420-426.

［55］王永贵，李帅鹏，HUGHES P，等．改性再生混凝土高温性能［J］．浙江大学学报（工学版），2020，54（10）：2047-2057.

［56］VANDEVYVERE B，SIERENS Z，VERSTRYNGE E，et al．Effect of glass fibres on the mechanical behaviour of concrete with recycled concrete aggregates（RCAs）［J］．IOP Conference Series：Earth and Environmental Science，2019，290（1）：012036.

［57］ GHORPADE V G, RAO H S. Strength and permeability characteristics of fibre reinforced recycled aggregate concrete with different fibres［J］. Nature Environment & Polution Technology, 2010, 9（1）: 179-188.

［58］ 姚运, 陈艳. 骨料替代率对玻璃纤维再生混凝土力学性能的影响［J］. 混凝土, 2017（4）: 58-61.

［59］ PRASAD M L V, RATHISH K P. Strength studies on glass fiber reinforced recycled aggregate concrete［J］, 2007.

［60］ JAGANNADHA R A O K, AHMED K T. Suitability of glass fibers in high strength recycled aggregate concrete-An experimental investigation［J］, 2009.

［61］ 陈伟仁, 谢国华, 李富强, 等. 钢筋与玻璃纤维再生混凝土黏结锚固性能研究［J］. 混凝土, 2021（7）: 69-74.

［62］ 杨文瑞, 袁娇, 冯中敏, 等. 蒸养高温养护对混凝土中 GFRP 筋吸湿行为影响研究［J］. 建筑结构, 2019, 49（22）: 97-100.

［63］ 曹源, 郑立霞, 吕林女. 蒸养条件下预制混凝土抗冻性能试验研究［J］. 混凝土, 2019（09）: 104-107.

［64］ 苏扬, 徐志辉, 丑纪能, 等. 蒸养制度对预制构件混凝土早期强度的影响研究［J］. 混凝土与水泥制品, 2019（3）: 48-50.

［65］ CHEN L, ZHENG K, XIA T, et al. Mechanical property, sorptivity and microstructure of steam-cured concrete incorporated with the combination of metakaolin-limestone［J］. Case Studies in Construction Materials, 2019, 11: e00267.

［66］ AQEL M, PANESAR D K. Delayed ettringite formation in concrete containing limestone filler［J］. ACI Materials Journal, 2018, 115（4）: 565-574.

［67］ ZOU C, LONG G C, XIE Y J, et al. Evolution of multi-scale pore structure of concrete during steam-curing process［J］. Microporous and Mesoporous Materials, 2019, 288: 109566.

［68］ HANIF A, KIM Y, USMAN M, et al. Optimization of steam-curing regime for recycled aggregate concrete incorporating high early strength cement-a parametric study[J]. Materials, 2018, 11(12): 2487.

[69] 贺智敏, 龙广成, 谢友均, 等. 蒸养混凝土的表层伤损效应[J]. 建筑材料学报, 2014, 17(6): 994-1000.

[70] 杨文瑞. 高速铁路蒸养 GFRP 筋混凝土预制构件损伤研究[D]. 武汉: 武汉理工大学, 2016.

[71] ZHANG J Y, CHEN T F, GAO X J. Incorporation of self-ignited coal gangue in steam cured precast concrete[J]. Journal of Cleaner Production, 2021, 292: 126004.

[72] 张耀, 满高鹏, 李俊成. 外加剂及其复合使用对蒸养混凝土制品强度的影响[J]. 混凝土与水泥制品, 2019(10): 31-36.

[73] 陈旭, 谷坤鹏, 钟赛. 掺合料及钢纤维对蒸养 RPC 强度和耐久性的影响[J]. 混凝土, 2019(4): 81-86.

[74] 王自新, 宋小软, 闫朝. 碱性环境下 GFRP/BFRP 水泥复合板与混凝土界面的粘结性能研究[J]. 广东水利水电, 2016(11): 30-35.

[75] 郭兵, 黄家骏. 碱性环境下建筑结构防腐与加固技术研究[J]. 河南师范大学学报(自然科学版), 2010, 38(4): 154-157.

[76] 李晓明, 臧德胜. 碱性环境对水泥材料的力学性能影响[J]. 长春工业大学学报(自然科学版), 2015, 36(4): 456-460.

[77] AVELDAÑO R R, ORTEGA N F. Characterization of concrete cracking due to corrosion of reinforcements in different environments[J]. Construction and Building Materials, 2011, 25(2): 630-637.

[78] ŞAHMARAN M, LI V C. Durability of mechanically loaded engineered cementitious composites under highly alkaline environments[J]. Cement and Concrete Composites, 2008, 30(2): 72-81.

[79] 高原. 干湿环境下混凝土收缩与收缩应力研究[D]. 北京: 清华大学, 2013.

[80] 张伟勤, 刘连新, 代大虎. 混凝土在卤水、淡水中的干湿循环腐蚀试验研究[J]. 青海大学学报(自然科学版), 2006, 24(4): 25-29.

[81] SUN X, HUA Y M, MAO S H, et al. Experimental research on the influence of dry-wet cycle on concrete compressive strength[J]. IOP Conference Series: Earth and Environmental Science, 2021, 714(3): 032016.

[82] 付佩. 干湿循环作用下聚丙烯纤维对混凝土力学性能影响[J]. 非金属矿, 2020, 43(4): 56-58.

[83] 邵化建, 李宗利, 肖帅鹏, 等. 干湿循环作用下混凝土力学性能及微观结构研究[J]. 硅酸盐通报, 2021, 40(9): 2948-2955.

[84] GAO Y, ZHANG J, LUOSUN Y M. Shrinkage stress in concrete under dry-wet cycles: An example with concrete column [J]. Mechanics of Time-Dependent Materials, 2014, 18(1): 229-252.

[85] LIANG H J, LI S, LU Y Y, et al. Reliability analysis of bond behaviour of CFRP-Concrete interface under Wet-Dry cycles [J]. Materials, 2018, 11(5): 741.

[86] 贺晓东. 冻融循环作用下再生混凝土新旧界面抗剪性能研究[D]. 西安: 西京学院, 2021.

[87] 时旭东, 汪文强, 田佳伦. 不同强度等级混凝土遭受超低温冻融循环作用的受压强度试验研究[J]. 工程力学, 2020, 37(2): 211-220.

[88] 常虹, 宿晓萍, 沙勇. 冻融循环作用下混凝土构件受压性能损伤试验研究[J]. 工业建筑, 2018, 48(3): 26-30.

[89] DONG Y J, SU C, QIAO P Z, et al. Microstructural damage evolution and its effect on fracture behavior of concrete subjected to freeze-thaw cycles[J]. International Journal of Damage Mechanics, 2018, 27(8): 1272-1288.

[90] 韩女. 冻融循环作用下混凝土孔隙结构特征及损伤演化规律研究[D]. 西安: 长安大学, 2018.

[91] 段小龙. 冻融循环作用下钢纤维混凝土的力学性能研究[D]. 武汉: 湖北工业大学, 2015.

[92] 滕飞. 聚丙烯纤维混凝土冻融循环作用下的损伤模型研究[D]. 武汉: 湖北工业大学, 2015.

［93］DONG F Y，WANG H P，YU J T，et al. Effect of freeze-thaw cycling on mechanical properties of polyethylene fiber and steel fiber reinforced concrete ［J］. Construction and Building Materials，2021，295：123427.

［94］严武建，牛富俊，吴志坚，等. 冻融循环作用下聚丙烯纤维混凝土的力学性能［J］. 交通运输工程学报，2016，16(4)：37-44.

［95］孙美洁，郑剑平，楚天成，等. 分散剂对褐煤水煤浆稳定性的影响研究［J］. 煤炭科学技术，2015，43(7)：136-140.

［96］崔莹，孙玉，吴波，等. 分散剂涂覆处理对碳纤维在油性基体中分散性能的影响［J］. 表面技术，2015，44(1)：112-116.

［97］张光华，屈倩倩，朱军峰，等. SAS/MAA/MPEGMAA 聚羧酸盐分散剂的制备与性能［J］. 化工学报，2014，65(8)：3290-3297.

［98］屈倩倩，张光华，朱军峰，等. 聚醚聚羧酸盐水煤浆分散剂的合成及其性能研究［J］. 煤炭科学技术，2014，42(2)：106-109.

［99］马超，徐妍，郭鑫宇，等. 聚羧酸型梳状共聚物超分散剂在氟虫腈颗粒界面的吸附性能［J］. 高等学校化学学报，2013，34(6)：1441-1449.

［100］陈清，陈照峰，李承东，等. 分散剂对玻璃纤维浆料分散性的影响［J］. 宇航材料工艺，2014，44(2)：29-32.

［101］张素风，孙召霞，庞元富. 玻璃纤维分散性能的研究［J］. 中国造纸，2013，32(8)：33-36.

［102］时艺娟，张艳，许云志，等. 脆性纤维分散混合技术现状研究［J］. 化工新型材料，2016，44(7)：10-11.

［103］段景宽，姚利辉，程波，等. 超支化分散剂对聚丙烯/玻璃纤维/硅灰石复合材料性能的影响［J］. 塑料科技，2017，45(8)：54-58.

［104］IBRAHIM H，BOUKERROU A，HAMMICHE D. Effect of dispersant agent content on the properties ofComposites based on poly (lactic acid) and Alfa fiber［J］. Macromolecular Symposia，2021，395(1).

［105］陈军，任天瑞，吁松瑞，等. 丙烯酸类共聚物分散剂的合成及其分散性能［J］. 过程工程学报，2009，9(6)：1204-1209.

［106］ WANG C, PENG L, LI B L, et al. Influences of molding processes and different dispersants on the dispersion of chopped carbon fibers in cement matrix［J］. Heliyon, 2018, 4(10)：e00868.

［107］ ZHU H B, ZHOU H Y, GOU H X. Evaluation of carbon fiber dispersion in cement-based materials using mechanical properties, conductivity, mass variation coefficient, and microstructure［J］. Construction and Building Materials, 2021, 266：120891.

［108］ 李果, 乔军强, 芦海云. 水煤浆分散剂研究进展［J］. 洁净煤技术, 2021, 27(5)：52-59.

［109］ 李树喆, 张茂伟, 国晓军, 等. 润湿分散剂对纤维-环氧树脂复合材料弯曲性能的影响［J］. 塑料工业, 2021, 49(5)：139-142.

［110］ 薛青, 尹东, 袁欣杰, 等. 水性分散剂的结构分析与分子设计［J］. 现代涂料与涂装, 2021, 24(4)：7-10.

［111］ SARGAM Y, WANG K J. Influence of dispersants and dispersion on properties of nanosilica modified cement-based materials［J］. Cement and Concrete Composites, 2021, 118：103969.

［112］ 曾岚, 李丽娟, 陈光明, 等. GFRP-再生混凝土-钢管组合柱轴压力学性能试验研究［J］. 土木工程学报, 2014, 47(S2)：21-27.

［113］ 肖建庄, 刘胜, TRESSERRAS Joan. 钢管/GFRP 管约束再生混凝土柱偏心受压试验［J］. 建筑科学与工程学报, 2015, 32(2)：21-26.

［114］ 章雪峰, 单鲁阳, 杨城, 等. GFRP 管混凝土组合长柱的轴心受压特性研究［J］. 建筑结构, 2018, 48(9)：72-77.

［115］ DONG Z Q, WU G, ZHAO X L, et al. Mechanical properties of discrete BFRP needles reinforced seawater sea-sand concrete-filled GFRP tubular stub columns［J］. Construction and Building Materials, 2020, 244：118330.

［116］ HASAN H A, KARIM H, SHEIKH M N, et al. Moment-curvature behavior of glass fiber-reinforced polymer bar-reinforced normal-strength concrete and high-strength concrete columns［J］. ACI Structural Journal, 2019, 116(4)：

65-75.

[117] ELMESALAMI N, ABED F, EL REFAI A. Concrete columns reinforced with GFRP and BFRP bars under concentric and eccentric loads： Experimental testing and analytical investigation[J]. Journal of Composites for Construction, 2021, 25(2)：04021003.

[118] KARIMIPOUR A, EDALATI M. Retrofitting of the corroded reinforced concrete columns with CFRP and GFRP fabrics under different corrosion levels[J]. Engineering Structures, 2021, 228：111523.

[119] 李世豪. GFRP 筋混凝土柱轴压力学性能分析[D]. 郑州：华北水利水电大学, 2020.

[120] WIATER A, SIWOWSKI T. Serviceability and ultimate behaviour of GFRP reinforced lightweight concrete slabs：Experimental test versus code prediction[J]. Composite Structures, 2020, 239：112020.

[121] LOGANAGANANDAN M, MURALI G, SALAIMANIMAGUDAM M P, et al. Experimental study on GFRP strips strengthened new two stage concrete slabs under falling mass collisions[J]. KSCE Journal of Civil Engineering, 2021, 25(1)：235-244.

[122] 范兴朗, 谷圣杰, 江佳斐, 等. FRP 筋混凝土板冲切承载力计算方法[J]. 浙江大学学报(工学版), 2020, 54(6)：1058-1067.

[123] JUNAID M T, ELBANA A, ALTOUBAT S. Flexural response of geopolymer and fiber reinforced geopolymer concrete beams reinforced with GFRP bars and strengthened using CFRP sheets[J]. Structures, 2020, 24：666-677.

[124] ALAM M S, HUSSEIN A. Idealized tension stiffening model for finite element analysis of glass fibre reinforced polymer (GFRP) reinforced concrete members[C] //Structures. Elsevier, 2020, 24：351-356.

[125] 吴涛, 孙艺嘉, 刘喜, 魏慧. GFRP 筋钢纤维高强轻骨料混凝土梁受弯性能试验研究[J]. 建筑结构学报, 2020, 41(04)：129-139, 159.

[126] 陶翰达, 孔新立, 陈艺顺, 等. FRP 筋耐久性能试验研究综述[J]. 今日

制造与升级, 2022(3): 95-98.

[127] 刘小艳, 王新瑞, 刘爱华, 等. 海洋工程中 GFRP 筋耐久性研究进展 [J]. 水利水电科技进展, 2012, 32(3): 86-89.

[128] HAJILOO H, GREEN M F, GALES J. Mechanical properties of GFRP reinforcing bars at high temperatures [J]. Construction and Building Materials, 2018, 162: 142-154.

[129] LANDESMANN A, SERUTI C A, DE MIRANDA BATISTA E. Mechanical properties of glass fiber reinforced polymers members for structural applications[J]. Materials Research, 2015, 18(6): 1372-1383.

[130] ZHOU A, CHOW C L, LAU D. Structural behavior of GFRP reinforced concrete columns under the influence of chloride at casting and service stages [J]. Composites Part B: Engineering, 2018, 136: 1-9.

[131] 代力, 江祥林, 何雄君. 混凝土环境中 GFRP 筋抗拉性能加速老化试验 研究[J]. 西安建筑科技大学学报(自然科学版), 2019, 51(3): 383-388.

[132] 代力, 何雄君, 杨文瑞, 等. 混凝土碱环境中 GFRP 筋耐久性能试验研究 [J]. 玻璃钢/复合材料, 2015(8): 75-79.

[133] 代力, 何雄君, 杨文瑞, 等. 考虑初始裂缝的 GFRP 筋混凝土梁受弯性能 试验[J]. 武汉理工大学学报, 2014, 36(9): 85-89.

[134] 代力. 持续荷载与环境作用下混凝土梁中 GFRP 筋抗拉性能研究[D]. 武汉理工大学, 2017.

[135] PARK Y, KIM Y, LEE S H. Long-term flexural behaviors of GFRP reinforced concrete beams exposed to accelerated aging exposure conditions [J]. Polymers, 2014, 6(6): 1773-1793.

[136] D'ANTINO T, PISANI M A, POGGI C. Effect of the environment on the performance of GFRP reinforcing bars[J]. Composites Part B: Engineering, 2018, 141: 123-136.

[137] BENMOKRANE B, BROWN V L, ALI A H, et al. Reconsideration of the

environmental reduction factor C E for GFRP reinforcing bars in concrete structures [J]. Journal of Composites for Construction, 2020, 24 (4): 06020001.

[138] CHENG Y C, LI L D, ZHOU P L, et al. Multi-objective optimization design and test of compound diatomite and basalt fiber asphalt mixture [J]. Materials, 2019, 12(9): 1461.

[139] HUANG Y M, ZHANG J F, TZE ANN F, et al. Intelligent mixture design of steel fibre reinforced concrete using a support vector regression and firefly algorithm based multi-objective optimization model [J]. Construction and Building Materials, 2020, 260: 120457.

[140] BAYKASOĞLU A, ÖZTAŞ A, ÖZBAY E. Prediction and multi-objective optimization of high-strength concrete parameters via soft computing approaches [J]. Expert Systems with Applications, 2009, 36(3): 6145-6155.

[141] CHEN H Y, DENG T T, DU T, et al. An RF and LSSVM-NSGA-II method for the multi-objective optimization of high-performance concrete durability [J]. Cement and Concrete Composites, 2022, 129: 104446.

[142] DABBAGHI F, TANHADOUST A, NEHDI M L, et al. Life cycle assessment multi-objective optimization and deep belief network model for sustainable lightweight aggregate concrete [J]. Journal of Cleaner Production, 2021, 318: 128554.

[143] MASTALI M, DALVAND A, SATTARIFARD A R, et al. Characterization and optimization of hardened properties of self-consolidating concrete incorporating recycled steel, industrial steel, polypropylene and hybrid fibers [J]. Composites Part B: Engineering, 2018, 151: 186-200.

[144] BAYRAMOV F, TAŞDEMIR C, TAŞDEMIR M A. Optimisation of steel fibre reinforced concretes by means of statistical response surface method [J]. Cement and Concrete Composites, 2004, 26(6): 665-675.

[145] SENGUL O, TASDEMIR C, TASDEMIR M A. Mechanical properties and

rapid chloride permeability of concretes with ground fly ash [J]. ACI Materials Journal, 2005, 102(6): 414.

[146] SENGUL O. Mechanical behavior of concretes containing waste steel fibers recovered from scrap tires[J]. Construction and Building Materials, 2016, 122: 649-658.

[147] SENGUL O. Mechanical properties of slurry infiltrated fiber concrete produced with waste steel fibers[J]. Construction and Building Materials, 2018, 186: 1082-1091.

[148] GB/T 50081-2019,普通混凝土力学性能试验方法标准[S].

[149] 中国工程建设标准化协会. 纤维混凝土试验方法标准: CECS 13—2009 [S]. 北京: 中国计划出版社, 2010.

[150] 方赵峰, 王建东, 边帆, 等. 混凝土的水渗透性与其微观结构的关系研究[J]. 混凝土, 2018(8): 10-12.

[151] 冯春花,沈振球,李东旭. 粉煤灰在饱和 Ca(OH)2 溶液中的溶出行为[J]. 材料导报,2014,28(04):130-133.

[152] SANDERS J F, KEENER T C, WANG J. Heated fly ash/hydrated lime slurries for SO2 removal in spray dryer absorbers [J]. Industrial & engineering chemistry research, 1995, 34(1): 302-307.

[153] POLLARD S J T, MONTGOMERY D M, SOLLARS C J, et al. Organic compounds in the cement-based stabilisation/solidification of hazardous mixed wastes—Mechanistic and process considerations [J]. Journal of hazardous Materials, 1991, 28(3): 313-327

[154] JOZEWICZ W, ROCHELLE G T. Fly ash recycle in dry scrubbing[J]. Environmental Progress, 1986, 5(4): 219-224.

[155] 陈立军.混凝土孔径尺寸对其使用寿命的影响[J].武汉理工大学学报. 2007,29(6):50-53

[156] A M Brandt, M Marks. Examples of the multicriteria optimization of cement-based composites[J]. Composite Structures, 1993, 25(1-4): 51-60.

[157] R H MYERS, A I KHURI, W H Carter. Response surface methodology: 1966-l988[J]. Technometrics, 1989, 31(2): 137-157.

[158] 王晨霞,张铎,曹芙波,等.冻融循环后再生混凝土的力学性能及损伤模型研究[J/OL].工业建筑:1-16[2021-12-30].

[159] 严佳川,邹超英.冻融循环作用下混凝土材料寿命评估方法[J].哈尔滨工业大学学报,2011,43(6):11-15.

[160] 刘远.基于损伤理论的混凝土抗冻耐久性随机预测方法研究[D].杭州:浙江大学,2006.

[161] 牛荻涛,肖前慧.混凝土冻融损伤特性分析及寿命预测[J].西安建筑科技大学学报(自然科学版),2010,42(03):319-322,328.

[162] 李金玉,彭小平,邓正刚,等.混凝土抗冻性的定量化设计[J].混凝土,2000(12):61-65.

[163] 中国建筑科学研究院.混凝土结构设计规范:GB 50010-2010 [S].北京:建筑工业出版社,2010.

[164] 高天佑.耐碱玻璃纤维混凝土梁抗弯性能试验研究[D].青岛:青岛理工大学,2018.

[165] 国家质量监督检验检疫总局,中国国家标准化管理委员会.拉挤玻璃纤维增强塑料杆力学性能试验方法:GB/T 13096—2008[S].北京:中国标准出版社,2009.

[166] 中华人民共和国住房和城乡建设部.混凝土结构设计规范(GB50010-2010)[M].中国建筑工业出版社,2011.

[167] ZOU C, LONG G C, ZENG X H, et al. Hydration and multiscale pore structure characterization of steam-cured cement paste investigated by X-ray CT[J]. Construction and Building Materials, 2021, 282: 122629.

[168] COSENZA E, MANFREDI G, REALFONZO R. Analytical modelling of bond between FRP reinforcing bars and concrete [C] // "Non-Metallic (FRP) Reinforcement for Concrete Structures" - Proceedings of the Second International RILEM Symposium (FRPRCS-2). 1995.

［169］ ALTALMAS A, EL REFAI A, ABED F. Bond degradation of basalt fiber-reinforced polymer（BFRP）bars exposed to accelerated aging conditions ［J］. Construction and Building Materials, 2015, 81: 162-171.

［170］ YAN F, LIN Z B. Bond durability assessment and long-term degradation prediction for GFRP bars to fiber-reinforced concrete under saline solutions ［J］. Composite Structures, 2017, 161: 393-406.

［171］ BAKIS C E, BOOTHBY T E, JIA J H. Bond durability of glass fiber-reinforced polymer bars embedded in concrete beams ［J］. Journal of Composites for Construction, 2007, 11(3): 269-278.

［172］ FOCACCI F, NANNI A, BAKIS C E. Local bond-slip relationship for FRP reinforcement in concrete［J］. Journal of Composites for Construction, 2000, 4(1): 24-31.

［173］ PRESS W H, TEUKOLSKY S A, VETTERLING W T, et al. Numerical Recipes 3rd Edition: The Art of Scientific Computing［M］. New York, NY: Cambridge University Press.

［174］ TROIAN-GAUTIER L, BEAUVILLIERS E E, SWORDS W B, et al. Redox active ion-paired excited states undergo dynamic electron transfer ［J］. Journal of the American Chemical Society, 2016, 138(51): 16815-16826.

［175］ XU J, MARSAC R, COSTA D, et al. Co-binding of pharmaceutical compounds at mineral surfaces: Molecular investigations of dimer formation at goethite/water interfaces［J］. Environmental Science & Technology, 2017, 51(15): 8343-8349.

［176］ 中国工程建设标准化协会标准. 纤维混凝土结构技术规程(CECS38: 2004)［S］. 北京:中国计划出版社,2004.